專家帶路 咖啡 for Beginners

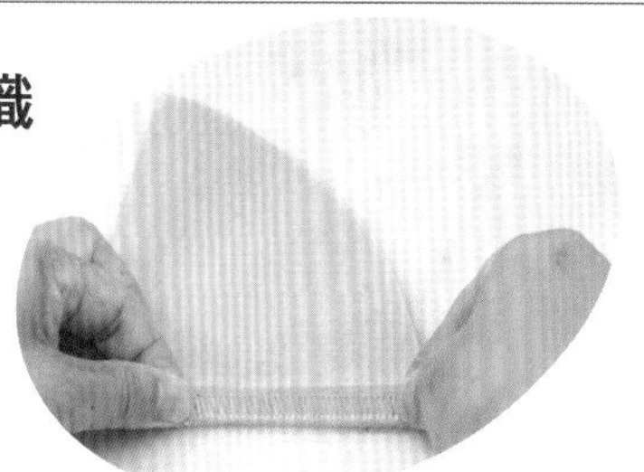

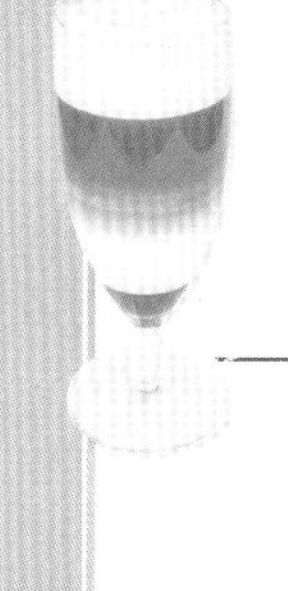

在家也能享受美味咖啡的咖啡基本功與器具100

Coffee Basic Knowledge and Goods 100

目錄

你想不想在家時，也能享受一杯跟街角的咖啡店一樣充滿風味、香氣馥郁的道地咖啡呢？如果能自己在家沖泡出美味的咖啡，每天一定都能過得更美好。向專家學習咖啡的沖泡方法，備齊優質的咖啡豆和喜歡的咖啡器具，在家中泡出一杯最棒的咖啡享用吧！

PART 1 咖啡的基本知識

Basic Knowledge

複雜的風味就是咖啡的魅力所在

首先來了解咖啡的風味吧！

就從認識味道開始是處於兩極的關係

咖啡基本功 001 COFFEE BASICS

咖啡的風味是由「苦味」、「酸味」、「甜味」、「醇度」構成

正因為咖啡的風味十分複雜，所以不同人的喜好也有天差地別

咖啡的風味很難一言以蔽之，苦味或酸味、微帶甜味，或喝完後感受到的濃醇感等，你會有各式各樣味道綜合起來的複合感受，這與咖啡的美味息息相關。另外，根據個人喜好不同，有人喜歡酸味較強、味道清新的咖啡，也有人偏好苦味強烈、味道濃厚的咖啡。

苦味
要說咖啡的基本風味，那就是其獨特的苦味了。越是深焙的咖啡豆，其苦味就會越強烈。

酸味
越是淺焙的咖啡豆，酸味就越明顯。清新的酸味和苦味相同，都是咖啡不可或缺的風味之一。

甜味
將新鮮的咖啡豆適度烘焙，好好沖泡的話，就能感受到咖啡本身所擁有的微微甜味。

醇度
喝完咖啡後殘留在口中的濃郁風味。此時所能感受到的，就是咖啡的醇度了。

咖啡基本功 002 COFFEE BASICS

咖啡的風味會因為「咖啡豆」、「器具」、「沖泡方式」而有所不同

咖啡的風味是由綜合因素決定

雖然也有人覺得咖啡豆是影響風味的決定性因素，這種觀念可以說對，也可以說不對。不光只有咖啡豆的種類，烘焙方式、研磨方式、豆子用量、熱水溫度、萃取速度等，各層面的綜合性因素決定了咖啡的風味。

咖啡的味道會因為各式各樣的因素而改變。

影響咖啡風味的3大要素

咖啡豆
淺焙的豆子酸味強而香味明顯，深焙的豆子酸味弱而苦味明顯，配合萃取方式的研磨粗細也會改變風味。

器具
咖啡機或濃縮咖啡機等器具當然會影響風味變化，不過光是濾杯不同也會帶來影響。

沖泡方式
如果是手沖咖啡，咖啡豆的量、熱水溫度、注水速度等差異也會讓咖啡的風味有所變化。

一起來掌握並理解咖啡深奧世界的知識吧！

自古以來，咖啡都在世界各地受到喜愛與飲用。日本過去也曾有很長一段時間，在前去拜訪時，大家心照不宣端出來的飲料都是咖啡；也曾經歷過西式早餐或午餐的套餐飲料只有咖啡的時代，才發展成為像現在這樣，在大多數場合人人都能選擇自己想喝的飲料。

就算是現在這個時代，咖啡還是擁有很高的支持率。要說它的魅力何在，果然還是變化多端的滋味、香氣，以及越愛咖啡、越覺得廣闊沒有盡頭的深度吧！

在咖啡專賣店中，可以看得到來自世界各地的各種咖啡豆，店家也會用適合不同咖啡豆的沖泡方式為你泡上一杯咖啡。有時也會活用咖啡豆的特色來混豆。在這樣的環境之下，不只是「喜歡咖啡的人」，擁有專業知識的咖啡迷也增加不少。以享

咖啡的苦味與酸味

Coffee Break MEMO

咖啡的味道也有流行趨勢

從幾年前開始，就算不是咖啡的愛好者，應該也常會聽到「第三波咖啡浪潮」這個詞。如同字面上「第三波浪潮」的意思，指的是咖啡史上的第三次風潮。從19世紀後半咖啡在美國大量被生產開始，過去一直都是奢侈品的咖啡普及到了一般階層。這就是第一波浪潮的開端。讓我們跟著近120年的咖啡歷史一起回顧到第三波浪潮為止的三個風潮吧！

19世紀後半 第一波咖啡浪潮

從美國開始的風潮。以美國的咖啡為主流，多使用淺焙咖啡豆粗研磨而成。因真空包裝技術及銷售管道發展蓬勃，讓咖啡一口氣普及化。

1960～90年代 第二波咖啡浪潮

對高品質咖啡的需求加速，使用深焙咖啡豆細研磨的優質咖啡蔚為主流。是西雅圖咖啡等知名咖啡連鎖店陸續登場的時代。

1990年代後半 第三波咖啡浪潮

追求更高品質的咖啡豆，甚至對生產者的等級也很講究。許多店家也會以適合不同咖啡的萃取方式提供咖啡，手沖咖啡也是第三波浪潮的特徵之一。

咖啡基本功 003 COFFEE BASICS

你喜歡濃郁？還是爽口？掌握自己喜歡的風味吧！

知道自己喜歡什麼味道的咖啡，是泡出一杯理想咖啡的捷徑

咖啡的風味會因咖啡豆的產地、研磨方式、萃取方式而有大大改變。找出自己喜歡的味道是重點所在。為了認識咖啡的種類，先從只用熱水沖泡、能泡出道地咖啡的手沖咖啡開始喝看看，並進行比較吧！

喜歡濃郁風味

咖啡基本的苦味較強。雖說如此，這個苦味必須是圓潤的，且包含喝完後餘味之中的醇度。

喜歡爽口風味

咖啡的酸味較為明顯的風味，餘味清爽、易於入口。也可以選擇帶有果香的咖啡豆。

喜歡兩者平衡

能喝到苦味與酸味良好平衡的咖啡。喝完咖啡後殘留的特有濃醇感也要恰到好處。

喜歡甜味

只要加入砂糖或牛奶，就能享用不同滋味的咖啡。甜到深處帶點苦正是美味的關鍵。

最棒的一杯咖

咖啡基本功 004 COFFEE BASICS

千萬別忘了「香氣」是讓咖啡脫穎而出的關鍵

香氣能產生令人放鬆及提升注意力的愉快效果

咖啡的一大魅力之一就是其獨特的香氣。這種「咖啡香」也和咖啡的風味很有關係。這種香氣有芳療般的作用，能活化腦部，有放鬆的效果和提升注意力等功效。

享受咖啡香的2大重點

咖啡豆要在2週內用完

咖啡豆和新鮮蔬菜一樣，會一天天氧化，導致風味減損。保存期限最好控制在2週左右。

咖啡豆要在家研磨

咖啡豆研磨成粉後香氣就會逐漸散失，最好是沖泡之前再磨。

受咖啡為前提，雖然不需要特地去掌握專業知識，但如果能稍微具備相關知識、更實際感受到咖啡的深奧之處，就能更容易找到符合自己喜好的風味。而且，如果能透過知識來掌握技術的話，就能每天都在家裡泡出自己喜歡的美味咖啡了。

為此，希望你可以先記住「咖啡豆、器具和沖泡方式會影響咖啡的風味」這件事。然後，和了解知識相同重要的，就是掌握自己喜歡的風味。你是喜歡咖啡的苦味，想品嘗咖啡的酸味、醇度、甜味，還是想平衡地熟悉所有風味呢？此外，咖啡的香氣當然也會因咖啡豆和沖泡方式而異，去尋找令人更心曠神怡的香味吧！建議你可以去咖啡廳、咖啡店繞繞，或飲用比較市售的濾掛式咖啡。掌握喜好的風味後，再記住正確的沖泡方式，試著在家重現自己理想中的味道吧！

濾杯的構造與材質

先從留意濾杯的構造開始吧！

咖啡的風味也會改變

風味的關鍵

可透過濾杯的濾孔大小和數量調整咖啡的風味

濾孔樣式會因製造商而有所不同，從能泡出清爽到濃郁咖啡的都有

濾杯的濾孔，是用來讓注入的熱水經過咖啡粉，再滴落咖啡壺之中。濾孔的數量、尺寸大小等會改變熱水滴落的速度，進而影響風味。速度快的話就能泡出雜味少的清爽咖啡；慢的話，就能泡出深沉濃郁的味道。

濾孔的數量

單孔

單孔的話，即使不特別注意水量和速度，也能幫你調整泡出美味的咖啡。

三孔

濾孔多，萃取速度較快，能在雜味釋出前就讓美味精華先滴落，泡出清爽的風味。

濾孔的大小

較大的濾孔

注入熱水的速度決定了萃取的速度，因為易於調整風味，受到進階者的歡迎。

較小的濾孔

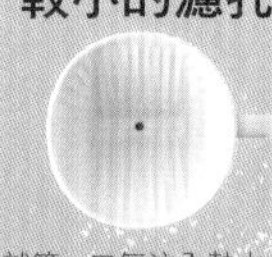

就算一口氣注入熱水，也會因為濾孔較小而延長萃取時間，泡出風味穩定的咖啡。

咖啡基本功
006
COFFEE BASICS

濾杯的形狀分為扇形和錐形2種

方便買到的扇形和講究的錐形

濾杯基本上分為扇形和錐形兩個種類，不過店裡會賣的以扇形居多。濾紙也是這種形狀的比較多，優點是濾杯和濾紙都能輕鬆以便宜價格買到。味道方面，扇形濾杯泡出來的咖啡酸味較少、苦味較強；錐形濾杯則是能泡出帶有甜味、酸味，且香氣濃厚的風味。

扇形

Kalita式（三孔）與Melitta式（單孔）扇形濾杯*。咖啡會先積在濾杯底部後再滴落，沖泡出酸味較少的風味。

錐形

熱水和咖啡粉會先集中在中央一處之後才落下，所以熱水能充分通過咖啡粉，沖泡出有酸度和醇度的風味。

享受咖啡因濾杯而異的各種風味

在咖啡的沖泡方式之中，最流行且容易的方法非「濾紙式沖泡法」莫屬。在稱為濾杯的器具中擺放好濾紙，放入咖啡粉後再注入熱水。只要這樣就能享受到道地的咖啡。只是濾杯也有林林總總的類型，能沖泡出各具特色的風味。首先就來認識基本的濾杯構造吧！濾杯的形狀分為扇形和圓錐形，不管哪種的內側都有稱為「肋骨」（rib）的溝槽。這個溝槽是用來在濾杯和濾紙之間製造出空隙的。這個構造能讓萃取出的咖啡順暢地通過縫隙，往下滴落。此外，也有釋放咖啡粉接觸熱水後產生的二氧化碳的作用。

接著，滴落到下方的咖啡會通過稱為「萃取孔」（濾孔）的孔洞，流進咖啡壺中。濾孔的數量會因濾杯的種類而有所差異。例如，「Kalita式濾杯」有三個濾

* 日本區分濾杯的「Kalita 式」與「Melitta 式」皆取自知名咖啡器具品牌。

根據濾杯的差異，

Coffee Break
MEMO

推薦你準備數個濾杯分開使用

雖然咖啡的風味會因咖啡豆的種類、烘焙方式和萃取方式而有所改變，但其實濾杯的種類也會影響味道。因此你也能透過濾杯體會咖啡的深奧之處。清爽的口感、較為濃郁的味道、圓潤的味道等等，試著享受不同濾杯各自產生的風味差異吧。推薦你準備好一個以上的濾杯，根據當天的心情或時間分開使用。

清爽－Kalita濾杯

有著縱向直條溝槽，配置三個濾孔的扇形濾杯。藉由三個濾孔，得以達到理想的萃取速度，能在咖啡釋出雜味前帶出單純的美味。是一種能帶出咖啡豆原有好味道的濾杯。

濃郁－Melitta濾杯

有著縱向直條溝槽，配置單個濾孔的扇形濾杯。因為只有單一濾孔，能穩定萃取速度，如果固定好水溫與咖啡粉的量，就能時常享受到相同滋味。能泡出較濃郁的味道也是其特徵。

圓潤－Hario濾杯

和過去的扇形濾杯不同，形狀為錐形的新型濾杯。特徵為較大的濾孔與從上方延伸到底部的螺旋狀溝槽。螺旋狀溝槽能讓咖啡粉充分膨脹，達到近似法蘭絨濾布的風味。

別名「肋骨」的濾杯溝槽有助於均勻萃取咖啡

直條狀溝槽、螺旋狀溝槽和鑽石型溝槽，都有各自的作用

濾杯的溝槽（rib）能讓濾杯和濾紙間產生空隙。熱水和咖啡粉接觸時產生的二氧化碳，就可以從空隙中被釋放，讓咖啡粉能均勻受到萃取。另外，根據溝槽的形狀不同，熱水停留的時間也會不同，進而使咖啡的風味有所變化。

濾杯的構造是

Kalita式與Melitta式濾杯上設置的溝槽，是縱向的直條紋。這是在扇形濾杯上最能適當引導熱水的流向，也是最能順暢萃取咖啡的形狀。

錐形濾杯採用這種溝槽，能防止濾紙和濾杯過度貼合，讓空氣能順利排出。這使它和法蘭絨濾布相同，能讓咖啡粉充分膨脹，達到全面的過濾和萃取。

鑽石狀溝槽

鑽石形狀不只外表美觀，上頭的凹凸使濾紙和濾杯能以360度均勻的狀態接觸，因此不易釋出雜質，能均勻地萃取咖啡。

咖啡基本功
008
COFFEE BASICS

濾杯的材質分為塑膠製、陶製和金屬製3大種類

須注意濾杯會隨材質不同而產生溫度變化的性質

濾杯有塑膠製、陶製和金屬製三個種類，多少會因材質在性質上有所差異。材質的不同會影響的就是溫度了。因為咖啡的萃取會受到熱水的溫度影響，如果使用陶製材質等熱導率較低的濾杯，還請事先將水加熱到一定溫度。

塑膠濾杯

價格低廉且堅固，CP值高是其魅力所在。重量輕且掉落也不會摔破，容易保養。初學者就從塑膠濾杯開始吧！

陶製濾杯

重量重、須注重保養，且在萃取前須充分加熱；不過因溫度變化較小，只要用得習慣，就能達到高品質的萃取。

金屬濾杯

不鏽鋼製或銅製的金屬濾杯。雖然整體而言價格高，但導熱率高也是其優點所在。如果你已經習慣使用濾杯，不妨一試。

孔，「Melitta式濾杯」跟「Hario式濾杯」則只有單一濾孔。如果是單一濾孔，熱水滴落需要花較多時間，所以咖啡的味道也會變濃；相對之下，三個濾孔則會泡出較淡的咖啡。濾孔數也會影響到咖啡是否有雜味或不膩口等。

根據自己的喜好選擇咖啡濾杯，並準備好搭配的濾紙吧！基本上扇形和錐形的濾杯都已經有最適合使用的濾紙，希望你能先確認後再購入。此外，濾紙還分為漂白過的白色濾紙和未漂白過的褐色濾紙。基本上味道不會受到顏色影響，不過或許也有人會在意未漂白過濾紙帶有的紙味。如果是這種情況，希望你盡可能選擇漂白過的類型。順帶一提，推薦讀者可以準備數個不同類型的濾杯來使用。這樣就能根據心情和時段，享受各種不同風味的咖啡。

帶出咖啡的美味

引導出濾杯的實力

認識咖啡濾紙的構造吧！

濾杯和濾紙搭配使用

選擇配合濾杯形狀的濾紙

濾杯要和濾紙搭配使用。濾杯大致分為扇形和錐形兩種，所以也要選擇相對應的濾紙。

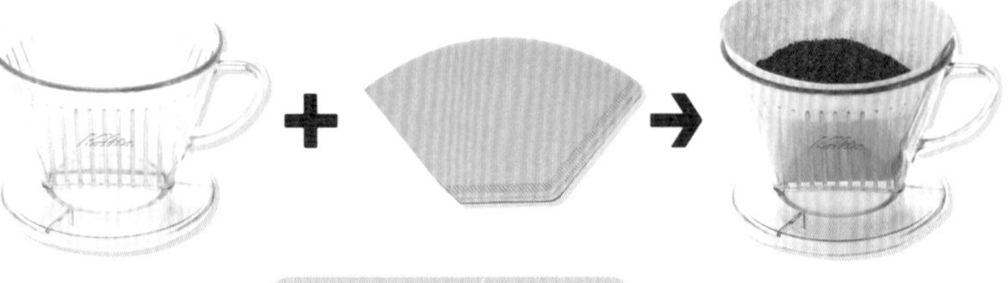

扇形濾杯

扇形濾杯分為「Kalita式」和「Melitta式」等類型。

錐形濾杯

錐形濾杯有「Hario式」等類型。

扇形濾紙

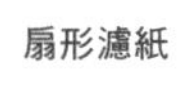

扇形濾紙的特徵是其摺線比錐形濾紙多。

錐形濾紙

摺線較少是錐形濾紙具有的特徵。

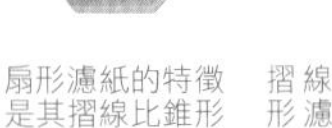

咖啡基本功
010
COFFEE BASICS

Kalita的波浪濾紙能讓任何人都泡出美味咖啡

能達到無雜質均勻萃取的獨有波浪構造堪稱劃時代

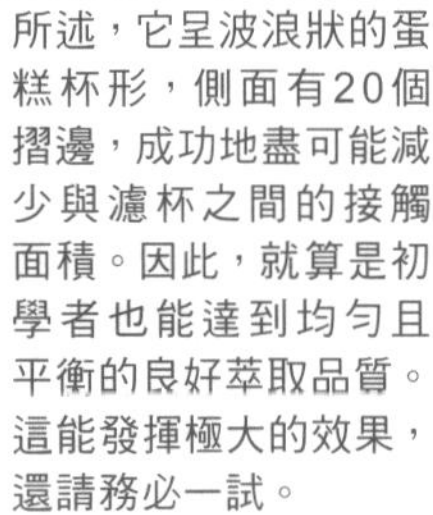

Kalita 波浪濾紙185（50入）

做為Kalita Wave系列專用濾紙登場的就是「波浪濾紙」。如同字面上所述，它呈波浪狀的蛋糕杯形，側面有20個摺邊，成功地盡可能減少與濾杯之間的接觸面積。因此，就算是初學者也能達到均勻且平衡的良好萃取品質。這能發揮極大的效果，還請務必一試。

如果想追求美味的話 連咖啡濾紙也開始講究吧！

手沖咖啡最容易意外疏忽的就是「咖啡濾紙」了。濾紙不只是用來過濾咖啡，還擔任吸附微量油脂的重要角色。因此，如果用「形狀有點不合，但應該可以吧」這種選擇方式來應付的話，是無法泡出美味的咖啡。

首先，「扇形濾杯就要用扇形用的濾紙」、「錐形濾杯就要用錐形用的濾紙」，選擇適合濾杯形狀的濾紙是最低條件。接著還要注意尺寸。因為製造商多是配合濾杯來開發濾紙，所以還請盡可能選擇同家製造商的濾紙。

濾紙的使用方式也要按照正確的設置方法。如果是扇形濾紙，就從底部開始摺起，接著再將側面朝反方向摺。如果是錐形濾紙，要摺的就只有一個地方。像這樣仔細將濾紙摺好再使用，才能讓濾紙和濾杯貼合，讓熱

Coffee Break
MEMO

咖啡濾紙的正確選擇方式

基本上要配合濾杯的製造商

雖然濾紙的形狀和尺寸吻合濾杯很重要，不過如果能選擇與濾杯相同製造商的濾紙更好。這是因為製造商在開發濾紙時，都是以用在自家的濾杯上為前提，開發出最合適的濾紙。

3大品牌的濾紙

Kalita

102
無漂白濾紙
（40入）

非常受歡迎的濾紙。使用百分百針葉樹紙漿，接縫處以機器黏壓是其特徵。

Melitta

無漂白
原木
濾紙　1×2
（40入）

物美價廉，被評為CP值極高的Melitta濾紙。可以沖泡出最好的味道。

Hario

V60用
濾紙 M號
（100入）
盒裝

Hario的錐形濾杯專用濾紙。能萃取出更多的美味成分。

用咖啡濾紙

咖啡基本功 011 COFFEE BASICS

咖啡濾紙要正確摺好後再使用

扇形濾杯濾紙的摺法

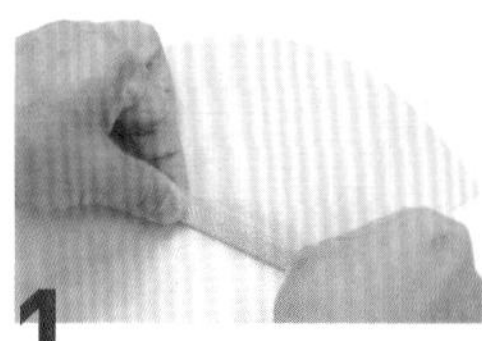

1 摺起底部的接縫處

扇形濾杯濾紙的側面和底部兩處有機器黏壓的接縫，先摺起底部的接縫處。

2 摺起側面的接縫處

接著摺起側面的接縫處，留意此時要跟底部摺起的方向相反，這樣才能取得良好平衡。

3 完成

照片是側面和底部的接縫處皆摺起的狀態。這樣就可以吻合扇形濾杯了。

錐形濾杯濾紙的摺法

1 摺起側面的接縫處

錐形濾杯濾紙的機器黏壓接縫只有一條，所以只要摺起側面的接縫處即可。

2 完成

照片是摺起側面接縫處的狀態。這樣就可以吻合錐形濾杯了。

為你過濾出咖啡

咖啡基本功 012 COFFEE BASICS

沒有濾紙的好處是可以充分品嘗咖啡豆的味道

充分萃取出咖啡的美味成分和咖啡油脂

這是有金屬濾網過濾構造的免濾紙濾杯。因為孔洞比濾紙大，所以連會被濾紙過濾掉的咖啡油脂都能一併萃取。越是新鮮的咖啡豆，越能感受到它的美味，但反過來說，如果是等級較低的咖啡豆，就可能會萃取出雜味，可以說更適合進階者。

學習成本較便宜也是優點

水均勻地落下。如果沒有用正確方式設計，熱水可能會很難落下，或不小心泡出咖啡的雜味，還請注意。

除了使用濾紙的濾杯之外，手沖咖啡之中也有「免濾紙濾杯」這種方式。免濾紙濾杯使用的是不鏽鋼濾網，所以不用濾紙也能重複使用；不過因為油脂等不會吸附在上面，沖泡出來的咖啡風味和用濾紙泡的咖啡會有很大的差異。在這之中要選擇哪種可依個人喜好而定，所以最好每種方式都試過一遍看看。

最後來講一下咖啡濾紙的進化吧！最具代表性的就是「Kalita波浪濾紙」。側面共有20個，可以加速沖泡。泡出的風味也很棒，一上市就成為熱銷商品。濾紙又重新成為手沖咖啡時不可或缺的配件。

卡壺享受有個性的風味

萃取器具會讓味道千變萬化

認識手沖以外的萃取方式吧！

咖啡基本功 013 COFFEE BASICS

能重現喜歡風味的法蘭絨濾布

法蘭絨濾布

滑順的濾布帶出圓潤的滋味

雖然法蘭絨濾布跟濾紙比起來更難保養，但能萃取出富含甜味的油脂，帶出圓潤且更有深度的風味，因此深受咖啡愛好者憧憬。因為味道會直接受到注水速度的快慢影響，通常是中階者使用，還請試著挑戰看看。

法蘭絨濾布的特徵

- 能沖泡出圓潤且有深度的風味
- 濾布的保養方式很費工

用法蘭絨濾布沖泡的訣竅

將咖啡豆的研磨度調整為中到粗之間

法蘭絨濾布是用布過濾，最適合的研磨度是中粒到粗粒間的程度。所謂的「中粒」，粗細大概是介於精緻細砂糖和粗粒砂糖之間。

法蘭絨濾布正因為要留心保養方式才有趣

全新的法蘭絨濾布要用加入咖啡粉的熱水煮過，消除布的氣味；使用後要泡在水中，放進冰箱保存。如果乾掉會有一股膠臭味，必須注意。

咖啡基本功 014 COFFEE BASICS

像泡紅茶一樣的法式濾壓壺

法式濾壓壺

放入咖啡粉後注入熱水等待4分鐘後一口氣壓下去！

不管是誰，都能成功用法式濾壓壺泡出美味的咖啡，它因容易使用而受到歡迎。在壺中放入咖啡粉後，再注入熱水；等待數分鐘之後，一口氣將濾網下壓。因為經過像紅茶一樣「悶蒸」的步驟，所以能引出咖啡的鮮美滋味。

法式濾壓壺的特徵

- 可以不使用濾紙就輕鬆沖好咖啡
- 能確實帶出咖啡豆的鮮味

用法式濾壓壺沖泡的訣竅

咖啡豆的研磨度以粗粒最佳，可直接萃取

因為是不使用網孔細的濾紙，所以咖啡豆的研磨度以和粗粒砂糖同等的程度最佳。此沖泡方式的特性是苦味較少，酸味較為強烈。

悶蒸的時間是相當重要的沖泡重點

法式濾壓壺要在熱水和咖啡粉混合在一起的狀態下稍作等待。這段時間如果拉長，咖啡就會變濃；如果變短，咖啡就會變淡。看準時間吧！

只要使用有個性的器具就能時常邂逅不同的滋味

各國對咖啡的喜好都有所不同。不管是咖啡的喝法、沖泡咖啡的器具，都發展出各自的文化。例如法式濾壓壺即如其名，是發源自法國。在圓筒狀的容器中注入熱水，用蓋子所附的活塞濾網將咖啡粉壓下分離後，只要悶蒸4～5分鐘就能沖泡好咖啡，非常簡單。咖啡粉以粗粒為佳，咖啡油脂和咖啡微粉有相乘效果，可品嘗到與手沖咖啡截然不同的風味。在日本的咖啡廳，法蘭絨濾布則給人一種主流的印象。據説發源自法國，但現在在該地已經幾乎沒在使用了。反而是在日本講究的咖啡店中，這樣的器具與技術一路相傳至今。將這種難以親近的器具以職人的方式運用自如，或許這樣的姿態更適合日本人也説不定。

使用稱為法蘭絨的柔軟濾袋，藉由充分悶蒸使咖啡粉膨脹，並細細注入熱水沖

Coffee Break
MEMO

根據萃取器具改變咖啡豆的研磨度吧！

用網孔細小的布料過濾的法蘭絨濾布沖泡法、用蒸氣悶蒸的義式摩卡壺沖泡法、用金屬活塞濾網過濾的法式濾壓壺沖泡法。正因為有各式各樣萃取咖啡的方式，判斷咖啡豆用哪種研磨度最適合哪種方法也是不可或缺的一環。一般研磨度從粗到細大致能分為三個階段。

細研磨

將咖啡磨成和精製細粒砂糖相同大小。用於想強調咖啡苦味、濃郁度，或沖泡冰滴咖啡時。適合搭配義式摩卡壺或濾紙手沖。

中研磨

大小介於精製細粒砂糖和粗粒砂糖之間。較容易萃取出風味均衡的咖啡。適合濾紙手沖、法蘭絨濾布手沖、咖啡機等。

粗研磨

將咖啡研磨成和粗粒砂糖相同大小。苦味較少而酸味較強烈。適合用法式濾壓壺、咖啡滲濾壺、免濾紙濾杯沖泡。

用法蘭絨濾布或義式摩

咖啡基本功 015 COFFEE BASICS

萃取濃縮咖啡的義式摩卡壺

義式摩卡壺

能藉由蒸氣的壓力萃取咖啡

在濃縮咖啡（Espresso）的主要產地——義大利，大多數人家中都有一台直火式濃縮咖啡機。在中間的粉槽中放入咖啡粉，下壺中注入水後以直火加熱至沸騰，蒸氣就會經過粉槽，萃取出極致的濃縮咖啡。

義式摩卡壺的特徵

只要以直火加熱就能沖泡出濃縮咖啡

體積小所以攜帶方便

用義式摩卡壺沖泡的訣竅

咖啡豆要徹底磨成極細

用來放於內部粉槽的咖啡豆，要徹底研磨成極細的顆粒。因為咖啡粉只要接觸到空氣就會迅速氧化，所以最好在使用前再磨。

只能放入水跟咖啡粉嚴禁倒入清潔劑！

利用蒸氣沖泡的義式摩卡壺是一種纖細的器具。使用後只能以清水清洗，如果使用清潔劑，就會白白浪費掉好不容易染上的咖啡香氣。

咖啡基本功 016 COFFEE BASICS

野外活動專用的咖啡滲濾壺

咖啡滲濾壺

這種咖啡機也可以當成燒水壺來使用

在沸騰的燒水壺中設置粉槽，只要放入咖啡粉後將水煮沸就能沖泡出咖啡的滲濾壺。因為擁有可以當成燒水壺使用的優點，是很受歡迎的野外咖啡機。材質有不鏽鋼和琺瑯製，可以依情況選擇。

咖啡滲濾壺的特徵

也可以當成燒水壺使用

適合在戶外使用

用咖啡滲濾壺沖泡的訣竅

適合濾網的研磨度以粗粒為佳

因為濾網的孔洞較大，所以準備咖啡粉時研磨度以粗粒為佳。如果是細粒，則泡出來的咖啡有可能會混進咖啡微粉，這點要注意。

咖啡的濃淡可從蓋子的提鈕處確認

如果要確認咖啡沖泡到什麼樣的程度，可以從蓋子的提鈕處檢查。因為該處為透明，可以看到咖啡的狀況。最佳的萃取時間為3分鐘左右。

泡。咖啡豆、熱水的溫度和注水方式都會為風味帶來微妙變化，所以越磨練技術就能泡出越好的滋味，也可以泡出有個性的風味，這正是其深奧之處。不過，因為需要費心保養，對初學者而言門檻有點高。

說到義大利，就想到濃縮咖啡；不過相對於商業用的插電式咖啡機，一般家庭更愛使用稱為「義式摩卡壺」的直火式濃縮咖啡機。只要放入咖啡粉和水之後開火，就能輕鬆製作出濃縮咖啡，使用得越久，則咖啡的香氣就越會滲入其中，增加味道的深度。咖啡豆則選擇深焙後細細研磨過的使用最佳。

發源於美國舊西部時期的就是咖啡滲濾壺了。在上方的粉槽中放入粗磨的咖啡粉，下方加水後以直火加熱，沸騰後的熱水和咖啡液會在過濾器的管子中循環，萃取出咖啡。雖然因為加熱時間較長，風味會稍有減損；不過因為簡單又耐用，在野外活動中長期深受喜愛。

更換咖啡杯

認識4種類型的咖啡杯和味道吧！

咖啡杯的形狀和厚度能讓人感覺咖啡風味有變化

咖啡的風味會因沖泡器具、方式、咖啡豆的量、熱水的溫度等因素而有所變化。雖然大家傾向認為咖啡的味道在萃取完之後就已經固定下來了，但其實咖啡杯也能改變風味。正確來說，是讓人有風味改變的感覺。

杯口不外張、杯身較厚的咖啡杯

味道特點
- 溫潤濃郁
- 和苦味很搭

適合以濃郁．苦味為特色的咖啡

能享受溫潤濃郁滋味的形狀。特別適合飲用摩卡或曼特寧等以苦味為特色的咖啡。杯口筆直，易於感受苦味，加上杯緣較厚，更能充分品嘗。

杯口不外張、杯身較薄的咖啡杯

味道特點
- 口感很好
- 能捕捉苦味

適合口感清爽的咖啡

因為口感佳、能捕捉苦味，所以恰好適合用來飲用口味相對清爽的咖啡。杯口筆直，易於感受苦味，加上杯緣較薄，能更清爽地品嘗。

杯口外張、杯身較厚的咖啡杯

味道特點
- 適合喜歡酸味的人
- 清爽或濃郁都能一次品嘗

適合有著高雅酸味的黑咖啡

既能品嘗到清爽和酸味，又能感受到醇度。最適合喜愛酸味的人。杯口寬，易於感受酸味，加上杯緣較厚，更能充分品嘗。

杯口外張、杯身較薄的咖啡杯

味道特點
- 享受清爽滋味
- 和酸味很搭

適合品嘗有酸味的美式咖啡

因為能強調出酸味，最適合用來品嘗烘焙程度較淺的美式咖啡等。杯口寬，易於感受酸味，加上杯緣較薄，能更清爽地品嘗。

更換咖啡杯，風味也會隨之改變

咖啡的味道和香氣會隨著咖啡杯的種類改變

你平時都是用什麼樣的杯子喝咖啡呢？商店裡雖然有販售形形色色的杯子，不過如果杯子的種類會影響風味的話……在此就來認識「咖啡杯的種類及講究方式」吧！

咖啡杯的種類分為「黑咖啡用咖啡杯」、「馬克杯」、「濃縮咖啡杯」、「咖啡歐蕾碗」等。「黑咖啡用咖啡杯」通常是用來喝熱咖啡，最為普遍。「馬克杯」的特點是容量比一般咖啡杯更大；最近也有越來越多店家使用馬克杯供應咖啡。「濃縮咖啡杯」是濃縮咖啡專用。「咖啡歐蕾碗」則如其名，是為了飲用*咖啡歐蕾而設計的杯子。

雖然杯子因飲用咖啡種類的不同而有各種選項，不過更該注意的是杯子會造成味道差異。這與杯子的形狀息息相關。雖然是十分細微的

* 咖啡歐蕾（法：café au lait）又譯作昂列咖啡，和拿鐵的主要不同之處在於咖啡與牛奶的比例。

Coffee Break MEMO

在沖泡前先將所有的器具預熱吧！

沖泡咖啡時，如果濾杯等器具是冷的話，注入的熱水就可能會冷掉，無法充分萃取出鮮味。因此，希望你能將所有的器具都先預熱好。如果沒有執行這個步驟，沖出的溫度可能會有5度左右的變化，還請注意。

預熱器具的方式

1 將濾杯淋上熱水預熱

首先用熱水將整個濾杯淋過。

2 在咖啡壺中沖入熱水

將咖啡壺倒入熱水沖一沖，就能預熱咖啡壺。

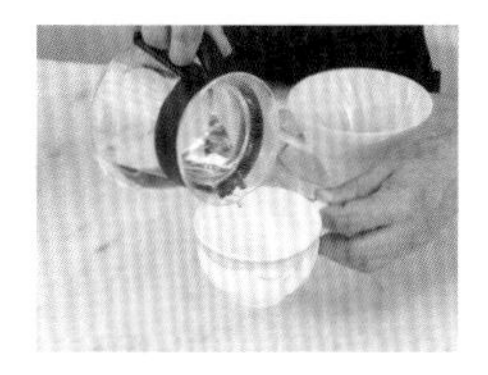

3 將咖啡壺裡的熱水倒入咖啡杯

最後，用沖過咖啡壺的熱水來預熱咖啡杯。

配合咖啡

咖啡基本功 018 COFFEE BASICS

配合咖啡的種類選擇杯子

如果是冰咖啡

耐熱玻璃杯

因為是玻璃製所以很耐熱，不只能用來裝冰咖啡，也能用來裝熱飲。因為是透明的，所以有著能看見花式咖啡漂亮層次的優點。

如果是黑咖啡

咖啡杯

用來飲用一般的黑咖啡。容量約120～150ml。大於這個容量的180～250ml杯子則稱為馬克杯。

如果是咖啡歐蕾

咖啡歐蕾碗

喝咖啡歐蕾專用的杯子。尺寸較大，整體呈現圓形碗狀。因為歐蕾碗有一定厚度，用手捧起時能直接感受到溫度，是其樂趣所在。

如果是濃縮咖啡

濃縮咖啡杯

濃縮咖啡專用的咖啡杯（Demitasse Cup）。濃縮咖啡杯一杯約為30ml，只有一般咖啡的一半份量是其特點。

咖啡基本功 019 COFFEE BASICS

配合喜好的味道選擇咖啡杯

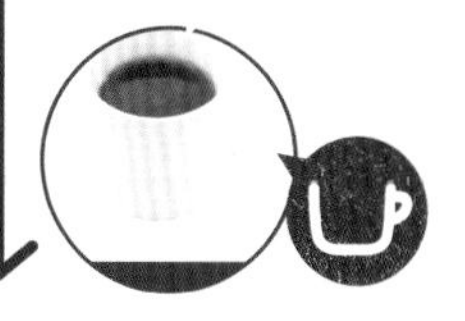

杯子的形狀和厚度決定味道的傾向

杯口外張的杯子可以讓咖啡迅速在口中擴散，刺激舌頭左右側感受酸味的部分。如果是用杯口筆直的類型飲用，咖啡會被直送到舌頭深處，所以能感受到較強的苦味。杯身較薄的杯子能品嘗到較清爽的味道，較厚的杯子則能讓人感受到咖啡鮮明的味道。

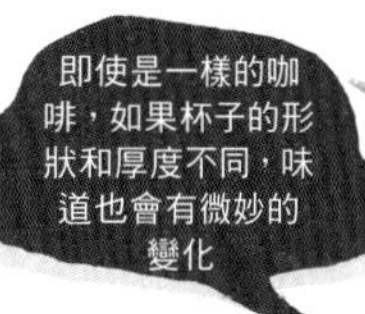

佐奈榮學園　Cafe's Kitchen學園長
富田佐奈榮女士

風味差異，但簡單來說，就是像黑咖啡用咖啡杯這種「杯口外張」的類型能凸顯酸味；像馬克杯這種「杯口不外張」的類型，則會凸顯苦味。雖然與咖啡接觸舌頭及擴散的方式有關，不過如果可以依照自己喜歡的味道來更換杯子，也不失為一個參考。

另外，也要注意杯身的厚度。一般來說：較厚的杯子適合較濃郁的咖啡，較薄的適合較清爽的咖啡。另一方面，如果是注重香氣的人，最好選擇杯口外張類型；不過這種類型的杯子，咖啡也會涼得比較快。喜歡熱咖啡的人，則最好選擇杯口做得較窄的類型。

也希望各位讀者能一併講究咖啡杯的花色等。不只是味道和香氣，視覺享受也是咖啡文化的一部分。

泡出一杯美味咖啡

交給咖啡機穩定沖泡

認識咖啡機的使用方法

能交給咖啡機穩定沖泡的感覺果然很方便

在一般家庭中也能享受到專家風味！這就是文明利器的威力

就算準備了最高級、最新鮮、最優質的咖啡豆，果然咖啡還是很看手沖的技術。注入熱水的時間點、水量……等，這幾點技術都已經被輸入咖啡機中，是一台不會失敗的機器。

咖啡基本功 021 COFFEE BASICS

咖啡機的基本使用方式

1 量好咖啡粉後放入濾杯內

量好所需杯數的咖啡粉，準備好濾紙後放入濾杯中。注意：濾紙如果不是用最小尺寸會無法吻合。

2 在水箱中裝入水

用咖啡壺在水箱中注入必要份量的水。水箱上會有記號，以此做為參考最簡單。

3 將濾杯、咖啡壺設置於咖啡機本體

將濾杯放到咖啡壺上，兩個一組設置於咖啡機本體。

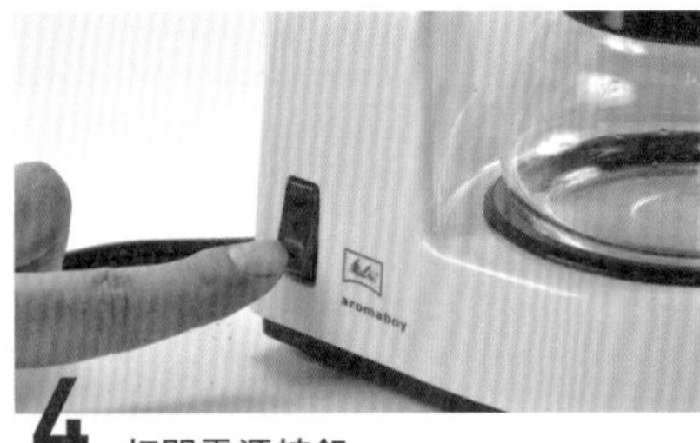

4 打開電源按鈕

最後只要按下電源按鈕即完成。接著就會自動發出咕嚕咕嚕的聲音開始萃取。

咖啡機也能沖泡出味道有深度的咖啡

如果想在自家享受美味咖啡的話，用手沖的方式細細沖泡應該是最好的方法吧。不但能享受自己調整萃取程度的樂趣，也能感受細細沖泡時的香氣，有不少人都已深陷其中。不過，當工作忙到無法抽身時，也會想喝咖啡；實際上越忙時，也越想被咖啡的味道和香氣療癒吧！此時就可以拜託咖啡機了。假日或有空時就用手沖，平常忙不過來時就交給咖啡機，像這樣依照情況分別使用也不錯呢！

一般的滴濾式咖啡機只要在水槽中加入水、設置好咖啡粉，就能自動沖泡咖啡。做為機器的一部分，機體內建滴濾裝置，只需在出口處設置好咖啡壺，就能透過該系統將咖啡萃取至壺中。機器的動作是固定的，所以能供應風味穩定的咖啡也是其優點。不過，咖啡機需要定

用咖啡機輕鬆

咖啡基本功 022 COFFEE BASICS

用咖啡機也可以「悶蒸」

2 暫時關掉電源

趁著開始萃取時關掉電源。稍等 30 秒，再次啟動電源，重新開始萃取。

1 首先按照一般方式設置

和一般的手沖咖啡相同，在濾杯內放上濾紙，再將咖啡粉放入濾杯中。

沒有悶蒸功能的咖啡機也能悶蒸

以手沖方式泡咖啡時，為了讓咖啡粉濕潤、有助於萃取，悶蒸是一道必要手續。就算是沒有悶蒸功能的咖啡機，只要將開關暫時關掉一段時間，就能加入悶蒸的步驟。

咖啡基本功 023 COFFEE BASICS

用檸檬酸簡單清洗保養

2 將檸檬酸水溶液注入水槽中

將溶解了檸檬酸的水溶液倒至水槽的最大注水容量。

1 將檸檬酸倒入水中溶解

如果要洗咖啡機，用超市也買得到的檸檬酸很方便。首先將適量的檸檬酸溶解於水中。

4 開啟電源

用和平常沖泡咖啡時相同的方式啟動電源，開始沖泡。沖泡完成後也就清洗完畢了。

3 設置好咖啡機本體

將濾杯和咖啡壺設置於咖啡機上。

期進行保養（清洗），為了能維持美味，還請不要忘記這點。另外，除了滴濾式咖啡機，還有膠囊式咖啡機及義式濃縮咖啡機等等。膠囊式咖啡機是將各式研磨好的咖啡真空包裝進專用膠囊中，只要裝好膠囊就能自動沖泡，最近很受到歡迎。從黑咖啡到卡布奇諾、紅茶等形形色色的變化都有，家庭中喜好各異的成員都能享用是其優點。另外，真空包裝密封的膠囊可以防止氧化，維持和剛研磨好時一樣的新鮮度，這點也是魅力所在。從前只能在咖啡廳享用浮著一層咖啡脂的濃縮咖啡，現在也能用濃縮咖啡機自動沖泡，十分推薦。忙碌時就用喜歡的咖啡機來療癒自己吧！

Coffee Break MEMO

咖啡機分成滴濾式、膠囊式和濃縮咖啡機3種

滴濾式咖啡機

味道特點

- 有著和滴濾咖啡相同的味道
- 除垢功能可以提升咖啡的風味

價格約：900～6000元

看著咖啡機泡出有品味的咖啡也是一種樂趣

基本上，滴濾式咖啡的構造就是將滴濾的過程機械化。有些機種也有除垢功能，能用品質良好的熱水有技巧地悶蒸咖啡豆。

膠囊式咖啡機

味道特點

- 從拿鐵到濃縮咖啡，變化豐富
- 學習成本較高

價格約：1500～6000元

將專業的風味帶進家中！從濃縮咖啡到拿鐵都喝得到

只要裝好原廠製造的專用真空膠囊，就能泡出咖啡的機型。黑咖啡當然有，還有拿鐵等等，種類豐富。

濃縮咖啡機

味道特點

- 極細研磨咖啡的濃厚滋味
- 極細的咖啡粉較難取得

價格約：3000～30000元

幾萬元就可買到家用機型的濃縮咖啡機

濃縮咖啡機從 30 萬元以上的專業機型到數萬元的家用機型都有。一些機種也有調整氣壓和水的硬度的功能。

即溶咖啡、無咖啡因咖啡、花式咖啡

享受豐富變化的咖啡世界

進化，選項更是豐富

用濾掛式咖啡發現自己喜歡的味道！

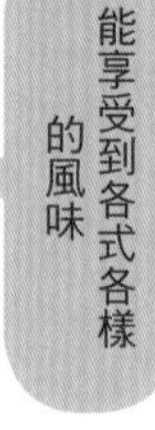

KEY COFFEE
濾掛咖啡組合包

推薦可享受各式風味的濾掛式咖啡包

只要在杯中注入熱水就能品嘗到道地滴濾式咖啡的「濾掛式咖啡」。咖啡組合包將形形色色的咖啡分裝成小包，集結成一袋，最適合用來飲用比較。

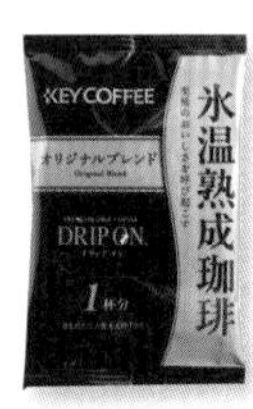

※6種咖啡中包含了期間限定的種類，會隨不同時期更換。

M.M.C
無咖啡因咖啡

保留了咖啡原本的美味

咖啡基本功
025
COFFEE BASICS

能感受到強烈風味的無咖啡因咖啡

因為無咖啡因，所以即使是孕婦也能放心喝

咖啡中所含的咖啡因有提神效果和利尿作用等好處，但另一方面也有抑制生長激素分泌等壞處。但如果是稱為「DECAF」的無咖啡因咖啡的話，就不用擔心有這種作用，能安心地飲用。

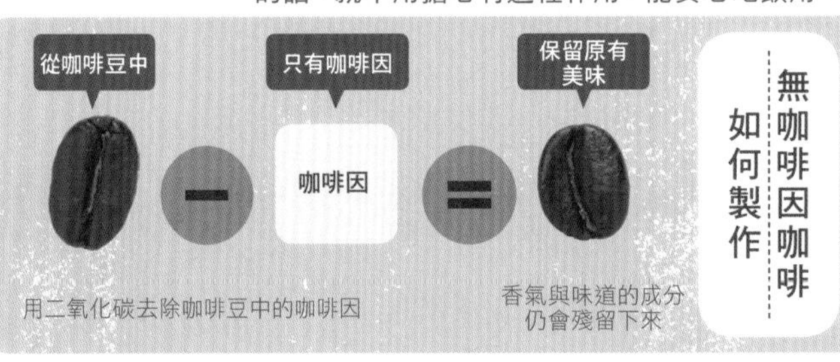

享受咖啡的方式變得更加寬廣

為了在平常能隨時喝到咖啡，也誕生了即溶咖啡等類型的咖啡，各種市售咖啡也不斷在進化中。

KEY COFFEE的濾掛咖啡（DRIP ON）系列，兼具即溶咖啡的方便性和美味程度。只要將濾掛包放在杯子上，注入熱水，就能享受到道地的滴濾式咖啡，因此受到歡迎。推薦各位可以飲用這個咖啡組合包中的咖啡進行比較。該組合中一共包含6種不同產地、不同烘焙方式的咖啡粉，各自有2入。因為是分成小包裝的咖啡包產品，所以正好適合用來飲用比較。為了找出自己喜歡的咖啡風味，還請務必嘗試看看。

另外，一天必須喝上好幾杯咖啡的人、睡眠不足的人，或懷孕的女性，可能會介意「咖啡因攝取過量」的問題。為了這樣的人所開發

享受咖啡的方法不斷

咖啡基本功 026 COFFEE BASICS

試著享受使用奶油做出變化的花式咖啡吧！

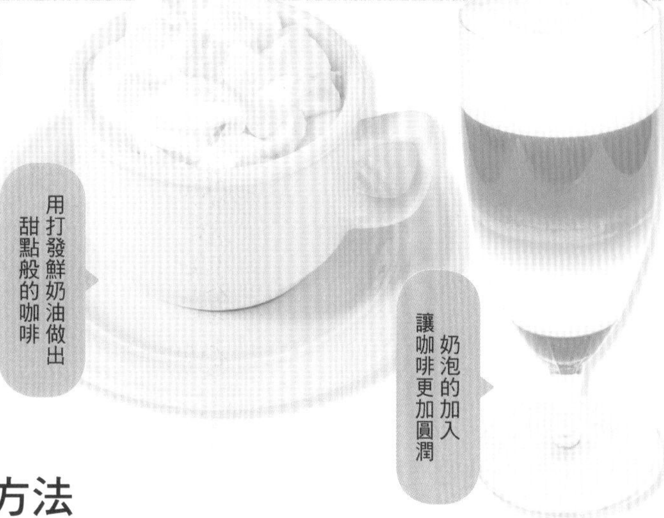

奶泡或打發鮮奶油能讓味道更加廣闊

透過花式咖啡食譜，大大拓寬了享受咖啡的方式。如果能自行在家製作奶泡或打發鮮奶油，就能享受到咖啡館才品嘗得到的品項，也能重現各式各樣的咖啡食譜。

方便的咖啡小道具

在家也能馬上打出奶泡

只要有這個就能輕鬆製作出細緻的奶泡，玩味各種咖啡食譜。

Hario
電動奶泡器

咖啡基本功 027 COFFEE BASICS

奶泡的製作方法

1 用鍋子將牛奶加熱。

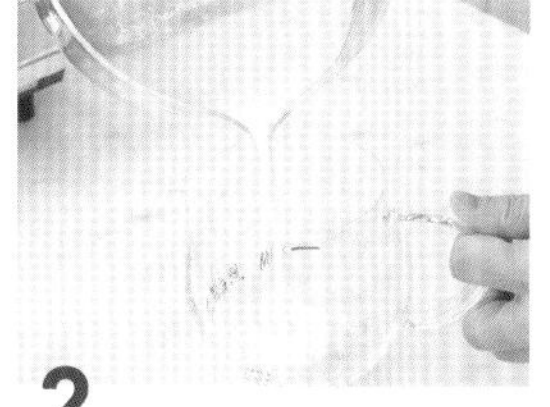

2 加熱到 60 ～ 70 度後將牛奶移至容器中。若超過 70 度就無法起泡，還請注意。

3 攪打容器中的牛奶，如果有電動奶泡器更方便，馬上就能完成。

4 細緻的奶泡完成。

咖啡基本功 028 COFFEE BASICS

打發鮮奶油的製作方法

1 將鮮奶油倒入容器中。

2 用攪拌器攪打至膨發。

3 打至如圖中的狀態即完成。

上市的就是「無咖啡因咖啡」，但先前大多數人反映的意見是「味道不夠」或「無法感受到咖啡的鮮美」。不過，最近無咖啡因咖啡已經大幅提升了美味。原因在於「咖啡技術進步了」。過去的主流方式都是以水來去除咖啡因，這樣的方式容易讓咖啡的香氣與味道成分隨著咖啡因流失。

因此為了解決這個美味程度與風味的問題，新開發出來的就是「二氧化碳萃取法」。如同字面上的意思，是用二氧化碳來去除咖啡因，這個方式能在不流失鮮味與香氣的情況下去除97％的咖啡因。還請在自家也享受看看這種無咖啡因咖啡。

如果想要在家中進一步玩味咖啡的樂趣，推薦各位挑戰使用了奶油的花式咖啡。奶泡和打發鮮奶油只要試做一次就能記住，比想像中簡單。特別是喜歡偏甜咖啡的人，在自家也能喝到咖啡館那種甜點般的咖啡，是否很有魅力呢？如果使用電動攪拌器或電動奶泡器等工具，就能更輕鬆打發出美味的奶油或奶泡。要不要試試看各式各樣的花式咖啡食譜，進一步享受咖啡衍生出的各種美味呢？

告訴你找到美味咖啡豆的捷徑

挑選咖啡豆的基礎知識

挑選美味咖啡豆的必要知識與選店的訣竅

咖啡基本功 029 COFFEE BASICS

咖啡豆是從咖啡樹上摘下來的果實種子

咖啡原豆來自一種像櫻桃般的紅色果實
果實叢生於葉腋是其特徵

咖啡樹是一種原產地為非洲大陸中部的常綠灌木，主要分為阿拉比卡與羅布斯塔*兩種栽培樹種。長成這種樹的是一種類似櫻桃的紅色果實，這就是咖啡豆的來源。雖然經過烘焙會變成褐色，不過原本成熟時是紅色的，所以又被稱為「咖啡櫻桃」（Coffee Cherry）。切開咖啡果後中間會有種子，這就是咖啡生豆。

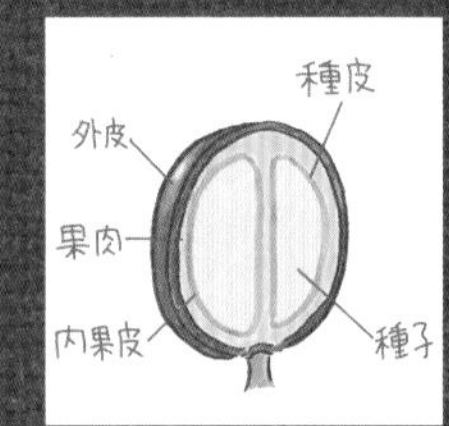

*又名為卡尼弗拉種。

咖啡豆到完成前要經過3道工序

採收

巴西的農園一年可以生產約9200噸的咖啡豆

用手工或機械採收已變紅的果實。在廣大的農園主要以機械作業，手工摘採則是在地面鋪上布後，以手指將擼下。

精製

在巴西採用非水洗式、其他地方採用水洗方式精製

採收咖啡果實後，去除外果皮與果肉，並將種子取出。經過日曬乾燥後，以機器去殼；或經過水洗後，再以機器去殼。

選別

將取出的生豆進行選別，去除未熟豆或異物

在巴西及哥倫比亞等地，選別已經導入機械作業。在印尼除了機械選別外，手工選別也很常見。

長成咖啡樹的紅色果實能變成香氣濃郁的咖啡

左右咖啡滋味的最關鍵，不用說就是咖啡豆了。購買美味的咖啡豆能為優雅的咖啡生活揭開序幕。

你知不知道，名為咖啡豆的東西，其實是咖啡樹這種樹木果實裡的種子呢？咖啡樹是栽培於稱為「咖啡帶」的熱帶地區的一種常綠灌木，每年會開一次白色的花，然後結果。

果實成熟之後就會變成紅色，因為看起來很像櫻桃，所以也被稱為「咖啡櫻桃」。如果此時直接拿來吃會有甜味，所以幫忙採收的孩子們似乎也會當成零嘴來吃。不過，因為種子很大顆，所以幾乎沒有什麼果肉。這大概是沒有人將它當成水果食用的理由。

在巴西等地廣大的咖啡農園中，採收的方式也很動態。在地面上鋪上布後，在上面放上帶果實的咖啡枝葉，用手把上面的果實用力

Coffee Break
MEMO

選擇美味的咖啡專賣店

確實，要到咖啡專賣店才能買到更美味的咖啡豆。所以，一旦發現有販售美味豆子的店家，首先就試試該店的配方咖啡吧。用數種咖啡豆混合製成的配方咖啡可說是一家店商品的顏面。如果味道能擄獲你的心，那這家店應該也會很適合你。此外，以下整理了挑選美味咖啡店的幾個要點。試著找找為你提供更好的咖啡生活且進行支援的店家吧！

CHECK 1
自家烘焙る

自家烘焙的咖啡店可以幫你烘焙現場的咖啡豆。在一開始還不知道自己喜歡什麼咖啡豆時，就請店家或店員按照他們推薦的烘焙度幫你烘焙吧！

CHECK 2
商品周轉率*高

受歡迎的店只引進品質好的咖啡豆，所以時常是隨即售出、隨即進貨的狀態。因為商品周轉率高，想必會更容易買到新鮮度佳的豆子，非常推薦。

CHECK 3
店員親切

對初學者來說，如果能有位熟悉咖啡的店員，只要告知自己喜好的咖啡風味，對方就能提供諮詢、協助挑選的話，會更令人安心。如果一家咖啡店有既專業又親切的店員，就能獲得各式各樣的資訊。

咖啡基本功 030 COFFEE BASICS

越是初學者，越建議在專賣店購買咖啡豆

讓你擁有更美好咖啡生活的特選商店

在咖啡豆專賣店中，除了有咖啡豆外，幾乎所有商店都備有喝一杯美味咖啡所需的各種必要商品。也有具備專業知識的店員，能依照客人的喜好幫忙挑選咖啡豆。此外，適合該種咖啡豆的烘焙、萃取器具、使用方式到保養等，他們也都會細心傳授。初學者只要好好利用咖啡專賣店，就能找到在家享受美味咖啡的捷徑。不過也有會受到營業時間限制，或更高品質的專賣店不一定在家裡附近等難處。

購買咖啡豆的場所各自的特點

咖啡專賣店
可以諮詢咖啡豆的研磨度等知識，也能試喝。能受到咖啡香氣圍繞是其魅力所在。

超市量販店
不管何時都能在附近買到。價格相對低廉，但豆子的品質和鮮度也會打折扣。

網購
根據商家不同，有些可以指定咖啡豆的烘焙程度及豆子的狀態，有些則不行。

咖啡基本功 032 COFFEE BASICS

認識單品咖啡跟配方咖啡的差異

單品咖啡是有個性的味道，配方咖啡則有良好平衡

在咖啡廳或咖啡專賣店中，必定會有配方咖啡。這是調查好各種咖啡豆的酸味、苦味、香氣及濃郁等個性與弱點後，再以數種豆子混合而成。豆子的組合和比例沒有一定規則，所以能混合出什麼樣的配方豆端看店家的品味。這很大程度上也扮演了店家招牌商品的角色。熟悉之後，你也可以將數種咖啡豆混合研磨，享受製作專屬自己配方豆的樂趣。

單品（Straight）
用單一種類的咖啡豆沖泡出的咖啡。「摩卡」和「吉力馬札羅」等都是具知名度的品名。

配方（Blend）
以數種咖啡豆混合製作而成。妥善組合各種豆子的特性，決定好搭配的比例。

咖啡基本功 031 COFFEE BASICS

買咖啡豆比買咖啡粉更能維持新鮮度

沖泡出美味咖啡的訣竅就是豆子的新鮮度

大多數人應該都會根據豆子的產地和種類來購買咖啡豆。不過首先更該注意豆子的新鮮度。烘焙過的咖啡豆會急速氧化，香氣和風味也會減損。首先，還沒磨過的豆子比研磨成粉的狀態更能維持新鮮，所以建議直接購買咖啡豆。如果因為家裡沒有咖啡研磨器具而必須購買咖啡粉的話，還請一次購買一週內能喝完的量就好。

在沖泡之前再研磨，就能泡出充滿香氣又美味的咖啡

擼下來採收。如果有尚未成熟的果實，也會一起弄下來，之後再挑掉。因為農園範圍太大了，如果要仔細挑出成熟的果實採收的話，可能永遠都採不完吧！

另一方面，哥倫比亞的咖啡產地雖然是在山地的斜坡上，但他們是仔細地一顆顆手工摘採已成熟的果實，放入籃子中。在喜好這種摘採方法的人之間，哥倫比亞咖啡相當受歡迎。採收的果實會趁新鮮加工，去除果皮和果肉。最近產自印度、印尼、越南、夏威夷等亞洲及太平洋地區的咖啡也有增加的趨勢。咖啡會因產地不同而有各種獨具特色的風味，這也是咖啡的魅力所在。

一旦買到自己喜愛風味的咖啡豆，就要放進密封容器中保存，並在2週內飲用完畢，這是能品嘗到美味咖啡的重點。如果要長時間保存，最好放進冷凍庫。如果腦海中能浮現咖啡豆原本是紅色果實的情景，或許就能理解為什麼新鮮度會是關鍵了。

*一個商品從入庫到售出所經過的時間和效率。

首先最該知道的事！
掌握咖啡通該懂的
小知識

世界上的咖啡豆大約分為阿拉比卡種和羅布斯塔種兩大種類

生豆的狀態

美味且香氣濃郁，但要費心栽培的品種
較為苦澀，但有野性且體質強壯的品種

就像米的品種有分為秈米和粳米等，咖啡樹也有各式各樣的品種。要細分的話，大約有50種，不過大致可分為阿拉比卡種和羅布斯塔種2種。阿拉比卡種的產量約占60%，羅布斯塔種約占20～30%，市面上流通的咖啡豆幾乎都是這兩個品種。再加上賴比瑞亞種，被稱為咖啡的三大原生種；然而賴比瑞亞種的產量僅有1%不到，在市面幾乎見不到。阿拉比卡種和羅布斯塔種，在栽培環境、味道、香氣、咖啡豆形狀等方面有著各式各樣的差異。先記住這兩個品種的特點吧！

先認識阿拉比卡種與羅布斯塔種的特點

羅布斯塔種

生長快速、耐病蟲害
苦澀的獨特風味是其特徵

原產地為非洲剛果。可栽種於300～800m的低海拔處，生長速度也快。特徵是耐病蟲害，所以收穫量高。味道則是苦味較強、帶有澀味，因為風味相當有個性，所以多用於配方咖啡、即溶咖啡、罐裝咖啡的原料等。

阿拉比卡種

帶有如甜甜花朵般香氣的「花香」
及較強的酸味是其特徵

原產地為非洲衣索比亞。栽種於標高1000～2000m的高地，不耐霜寒、乾燥、病蟲害等。是栽培時很需要費心的品種，不過因其強烈酸味與花香般的甘甜香氣受到廣大支持，產量占所有咖啡約7成，壓倒性地位居第一。

在精選土地栽培的2種咖啡豆差異

咖啡豆的栽培地有嚴格的條件限制：年雨量1800～2500m、有適度日照、平均溫度約為20度上下、肥沃而排水良好的土地，並位於海拔500～2500m之間的山或高地。以上條件齊全的地區被稱為「咖啡帶」，是位於赤道與南北緯25度間區域的高地。

巴西、東南亞、中南美洲與中東等地的咖啡生產國皆屬該地區，栽種於這些國家的咖啡主要是摘採自阿拉比卡種與羅布斯塔種的咖啡樹。阿拉比卡種栽培於海拔450～2300m的高地上。在山中與高地作業困難，且因為該種咖啡不耐病蟲害，栽培上很費心。雖說如此，阿拉比卡有許多咖啡品種，占世界上生產咖啡豆總量的70%。多數有著出色風味與香氣，用於單品咖啡

Coffee Break
MEMO

可以用濃縮咖啡沖泡的咖啡食譜

偶爾也該享受一下濃縮咖啡。將咖啡豆細細研磨，使用專用咖啡機，以蒸氣壓力萃取沖泡出的濃厚滋味是其特徵。在義大利通常還會放入1～2匙砂糖飲用。

濃縮咖啡

以專用咖啡機沖泡，透過蒸氣壓力讓熱水瞬間通過磨細的咖啡豆。濃厚的味道是其特徵。雖然會強烈感受到咖啡的苦味，但也能享受殘留在後味中的濃醇感。

卡布奇諾

卡布奇諾（Cappuccino）是將濃縮咖啡、蒸氣牛奶與奶泡以1：1：1的比例組合而成。雖然和拿鐵相似，但卡布奇諾的奶泡打發得更厚。

拿鐵

拿鐵（Latte）在義大利語中是「咖啡牛奶」的意思。拿鐵是咖啡歐蕾的濃縮咖啡變化版，但因為使用了濃縮咖啡，所以比咖啡歐蕾味道更濃。也會使用蒸氣牛奶。

摩卡

在濃縮咖啡中加入巧克力糖漿和蒸氣牛奶而成。有時也會在頂端放上打發鮮奶油做為裝飾。甜味重但同時又能感受到苦味是其特徵。

瑪奇朵

在濃縮咖啡中注入少量奶泡而成。藉由奶泡，能更加凸顯咖啡的風味。瑪奇朵（Macchiato）在義大利語中有「染色」的意思。

咖啡基本功 034 COFFEE BASICS

認識世界5大咖啡豆產地

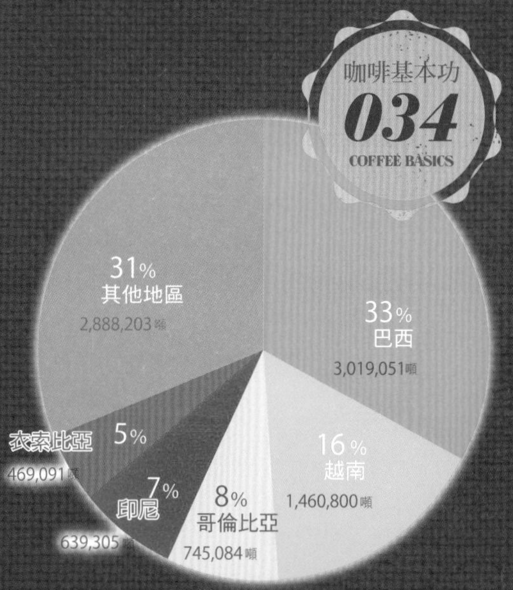

出處：聯合國糧食及農業組織（FAO，Food and Agriculture Organization）

巴西位居第一，越南緊追在後 在不同環境下栽培出來的咖啡豆風味也有差異

毫無疑問摘下首位殊榮的就是巴西了。代表性的咖啡豆為巴西聖多斯。近年來急速成長的咖啡產地是位居第二的越南。生產的主要是羅布斯塔種，因此在日本市面是做為配方咖啡或即溶咖啡流通。第三名的哥倫比亞咖啡豆是溫和（mild）咖啡的龍頭，以哥倫比亞麥德林最為有名。第四名的印尼以曼特寧、托拿加、麝香貓咖啡等咖啡豆獲得高度評價。第五名的衣索比亞，國民中每5人就有1人是在栽種咖啡，是有名的一大產地。哈拉摩卡是當地的代表性咖啡豆。

咖啡基本功 035 COFFEE BASICS

在日本也受到歡迎的高級咖啡豆先記住它們的特徵吧！

日本的咖啡輸入量，在50年內增加了50倍

咖啡首度輸入到日本約在17世紀。當時雖然只是特定人士喝得到的飲料，不過現在日本每人的咖啡消費量已經來到每週11杯。是僅次於美國、德國、義大利的世界第4大咖啡輸入國。因此，還希望不妨先認識這些在日本特別受歡迎的咖啡豆品名，以及其產地和味道特徵。

瓜地馬拉

位於中美洲，以火山和熱帶雨林聞名的國家。有著甘甜香氣以及強烈而高雅的酸味。特點是恰到好處的醇度。栽種地區十分多樣，味道也豐富變化。

吉力馬札羅

栽種於位於坦尚尼亞的非洲大陸第一高峰——吉力馬札羅山上的咖啡豆。生長於海拔1000m以上的高地，強烈的酸味和香氣、豐富而濃郁是其特色。

翡翠山

受到哥倫比亞咖啡農代表組織FNC嚴選認證。總生產量僅占不到3%的高級咖啡豆。名稱來自翡翠山（Emerald Mountain）與安地斯山脈。

曼特寧

栽種於印尼蘇門答臘島的高級品種。該國以生產羅布斯塔種為主，不過曼特寧則是阿拉比卡種。在深厚濃醇感與苦味間有絕妙平衡。

摩卡

從葉門的港口城市摩卡輸出的咖啡總稱，是最古老的咖啡品牌。有著獨特的強烈酸味和果香，甜味和濃醇感也是其特點。

藍山

來自被視為栽種咖啡的最高級環境，牙買加藍山地區的咖啡豆。擁有優雅的香氣和均衡的甘甜味，被稱為「咖啡之王」。

的豆子大多數是此品種。

另一方面，羅布斯塔種能栽種於低地，所以作業上比較輕鬆。耐病蟲害、環境適應力強是其特點。此外，生長速度也快，所以產量多。約占世界咖啡生產量的30%。該種咖啡豆有著獨特香氣，苦味強烈，所以少被用作單品咖啡飲用，多用於配方咖啡、即溶咖啡，或做為罐裝咖啡的原料。

除了這兩個品種外，再加上被稱為「賴比瑞亞」的品種，合稱為三大咖啡原生種。不過賴比瑞亞種僅在少數地區有生產，甚少流通於市面上；因此世界上喝得到的咖啡，多數還是阿拉比卡種與羅布斯塔種這兩者。這2種咖啡除了味道不同外，形狀等外觀也有所差異。阿拉比卡種咖啡豆較為橢圓，羅布斯塔種咖啡豆則更接近圓形。即使是同一品種的咖啡，風味也會根據栽種地區的土壤、氣候等不同而有所變化，就像紅酒一樣，這也是咖啡的魅力之一。

正確處理咖啡豆的方法

Key word 1 烘焙

咖啡基本功 036 COFFEE BASICS

選擇符合喜好的烘焙度

就算是相同的咖啡豆，風味和香氣也會因烘焙度而有偌大變化。烘焙度可細分為8個階段，找出適合各種咖啡豆與飲用方式的烘焙度。

酸味——較強

中度微深烘焙

標準的烘焙度之一。酸味、苦味與甜味平衡佳，能充分了解單品咖啡的個性。

中度烘焙

中度烘焙會變成我們熟悉的褐色。酸味還是稍強而苦味弱，口感輕盈。常用於美式咖啡。

淺度烘焙

接近肉桂色的狀態。比起極淺焙更帶香氣，酸味強且無苦味。如果是有良好酸味的豆子，可以用來製作黑咖啡。

極度淺烘焙

最淺的烘焙度。香氣、濃郁度皆不足，所以一般不建議飲用。主要是用來測試烘焙度。

苦味——較強

極深度烘焙（義式烘焙）

最深的烘焙程度，咖啡豆接近黑色。能感受到濃厚苦味和香氣，是適合濃縮咖啡或卡布奇諾的烘焙方式。

極深烘焙（法式烘焙）

幾乎已經沒有酸味，苦味和醇度明顯。即使和牛奶混合，仍能充分品嘗到咖啡味，所以會用於咖啡歐蕾等。

微深度烘焙

苦味又比酸味更加強烈。此外，咖啡豆表面會浮出油脂。多用於冰咖啡或濃縮咖啡。

中深度烘焙

標準的烘焙度。比起酸味，更能感受到苦味和醇度。這也適合用作單品咖啡。

Key word 2 保存方法

認識咖啡豆的正確保存方式

咖啡是生鮮食品，不管怎樣都會隨著時間流逝而品質下降。如果沒有正確保存的話，品質就下降得更快，味道也會變差。咖啡的四大天敵就是高溫、濕度、氧氣和陽光。只要避開這四項來保存，就能盡可能延長享用美味咖啡的期限。

密封保存很重要

咖啡一旦接觸空氣就會持續氧化，味道也會變差。還請盡可能不要接觸空氣，放入密封容器中，或以袋子分裝成數天喝得完的量來保存。

放進冰箱保存

溫度和濕度越高，咖啡的品質就下降得越快。特別是烘焙過的咖啡，容易吸收濕氣，所以請放進冰箱裡保存。

長時間保存就放冷凍庫

如果不得不長時間保存的話，就放進冷凍庫。如果是豆子的狀態，約可保存1～2個月；磨成粉的狀態，大約能保存2～3個禮拜。

即使是相同咖啡豆，咖啡的味道也會改變

烘豆指的是將咖啡豆加熱烘烤。咖啡生豆原本帶有微微的綠色，經由加熱起化學反應後，就會變成我們所熟悉的巧克力色，也會產生香氣和風味。

烘焙時的加熱時間和程度分成數種等級，這又稱為烘焙度。烘焙度大致分為淺焙、中焙、深焙3個階段，烘焙度越淺酸味越強，越深則苦味越強烈。

在日本又將烘焙度進一步細分為8個階段。如上方圖片所述，從極度淺烘焙到淺度烘焙算是淺焙；從中度烘焙到中深度烘焙算是中焙；從微深度烘焙到極深度烘焙則都算是深焙。即使是相同的咖啡豆，味道也會因為烘焙度而完全不同；所以即使是相同咖啡豆，也能享受改變烘焙度的樂趣。

Key word 3　研磨度

咖啡粉的顆粒粗細要配合萃取器具

萃取咖啡的器具，根據飲用方式而有各式各樣的種類。配合不同的器具，也有各自合適的咖啡研磨程度。認識參考標準，配合自己使用的器具與飲用方法選擇正確的研磨度。

粗研磨

和粗粒砂糖相同大小。苦味較少、酸味稍微較強。咖啡的濃度會較淡，每人份的咖啡建議多放一點咖啡粉。

萃取器具

法式濾壓壺
咖啡滲濾壺
……等

中研磨

顆粒介於精製細砂糖和粗粒砂糖之間。最常見的研磨度，市售咖啡幾乎都是此種研磨度。易於均衡地萃取出咖啡的風味。

萃取器具

濾紙滴濾
法蘭絨濾布
……等

細研磨

和精製細砂糖相同的顆粒大小。要強調苦味和醇度時最為合適。這種研磨度適合用於萃取濃郁的咖啡，例如冰滴咖啡。

萃取器具

義式摩卡壺
濾紙滴濾
……等

極細研磨

磨得更細、幾乎接近粉末狀的顆粒大小。幾乎沒有酸味，苦味明顯。有些咖啡機種無法使用極細研磨的咖啡粉，還請先確認好。

萃取器具

濃縮咖啡機
伊芙利克壺*
……等

Timing

磨豆最佳時機是在飲用前

咖啡豆如果被磨成粉狀，與空氣的接觸面積也會增加，進而氧化，香氣也容易流失。因此，最好是要喝之前再磨好必要的量。為了能喝到更美味的咖啡，建議在自家也準備一台磨豆機。

Kalita CM-50

尺寸：寬 99× 深 82× 高 178mm
重量：750g
按下按鈕後刀刃就會開始旋轉的電動磨豆機。可用按下按鈕的時間來調整研磨度。

Porlex手搖式磨豆機

尺寸：寬 49× 高 180mm
重量：約 258g
研磨度可調整為細研磨～粗研磨。時尚的外形看起來很討喜。

咖啡豆的研磨度要配合萃取器具

如果在專賣店買了咖啡豆的話，可以一併請教烘焙度和研磨度。所謂的研磨度，指的是豆子磨成粉時的顆粒大小，可以分為極細研磨、細研磨、中研磨、粗研磨四個階段。

根據顆粒大小，咖啡成分的萃取程度也會改變，所以配合萃取器具是重點所在。顆粒越小，越容易釋放酸味和苦味成分，因此像濃縮咖啡機就適合使用極細研磨的咖啡粉。此外，顆粒越小，和熱水接觸的時間就要越長。因此，濾紙滴濾適合細研磨，或最常使用的中研磨；原本就容易萃取出成分的法式濾壓壺等就使用粗研磨的咖啡粉。基於以上的理由，根據使用的器具改變研磨度是有必要的。

此外，在研磨咖啡豆時還有件重要的事，那就是顆粒的大小要平均。如果顆粒大小不一的話，釋出的風味也會變得沒有規則可循，容易造成咖啡有雜味。為了享受咖啡的風味，最好是要喝之前再研磨，所以希望你能盡可能在自家研磨；此時還請務必注意別讓顆粒大小不一。

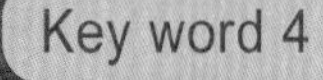

Key word 4　選店

找新鮮豆子要到周轉率良好的商店

購買咖啡豆，推薦你盡可能透過咖啡專賣店購買。特別是初學者，只要告訴咖啡店店員自己的喜好，對方就能提供資訊、為你挑選，這樣也比較安心。另外，生意好的人氣店家不只咖啡豆的味道好，商品周轉率也高，所以能更容易買到新鮮的咖啡豆，這也是筆者推薦的理由之一。

*「伊芙利克」（Ibrik）是烹煮土耳其咖啡用的咖啡壺

有磨豆機就能讓咖啡豆的香氣加倍

用磨豆機研磨咖啡豆

咖啡基本功 040 COFFEE BASICS

家用咖啡磨豆機分為3種

手搖式磨豆機

藉由旋轉稱為「錐刀」的圓錐形刀刃將豆子磨碎。

推薦給喜愛自行花時間操作的人

因為是手動，所以會比電動磨豆機花上更多時間；但對想在閒暇時光享受研磨時散發出的咖啡香氣的人而言，是最合適的器具。

特徵
- 要花上不少時間
- 較難調整研磨度

螺旋槳式電動磨豆機

藉由螺旋槳狀刀刃的高速旋轉將豆子磨碎。

可透過改變研磨時間來調整咖啡豆研磨度

一按下開關，螺旋槳狀刀刃就會高速旋轉，一下子就將豆子磨好。研磨度可透過時間來調整。

特徵
- 幾秒鐘就能磨好
- 研磨度是以研磨時間調整

平刀式電動磨豆機

利用上下平面狀的刀刃將豆子夾進中間磨碎。

所有的磨豆作業都可以交給它，方便性是一大優點

商用的磨豆機也大多是平刀類型。可用旋盤來調整研磨度，即使是初學者也能輕鬆操作。

特徵
- 幾秒鐘就能磨好
- 方便調整研磨度

咖啡基本功 041 COFFEE BASICS

如何保養磨豆機

用完磨豆機之後還請將咖啡粉清除乾淨

對美味的咖啡而言，使用新鮮咖啡豆是最重要的事情之一。咖啡豆每磨一次，氧化的速度就會增加，品質也會持續下降。雖然比較費事，但每次都用磨豆機研磨剛好的份量最佳。

清除堵塞的粉末

用刷子清除附著在研磨刀上的粉末。外側的塑膠部分請用乾布等將粉末掃掉、擦拭。請小心別被刀刃割傷手指。

咖啡豆磨成粉狀後排出的場所，為了不讓舊咖啡粉持續附著在上頭，還請常保清潔。

保養工具

空氣噴瓶。按一下就會噴射出空氣。用來將布擦不到的小地方的髒汙噴走！

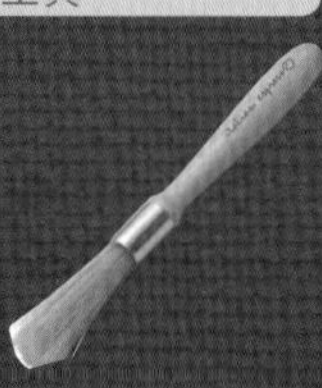

濃縮咖啡用磨豆機刷有著長柄所以易於使用，豬鬃可以把細小的粉末都掃走。

在自家放台磨豆機奢侈地品嘗現磨咖啡豆吧！

說到咖啡的魅力，無庸置疑就是咖啡所飄散出的香氣。事實上，現磨咖啡豆的香氣，甚至比飲用咖啡時的味道更能刺激感受。

要將咖啡豆磨成粉，所需要的研磨器具就是磨豆機了。沖泡咖啡前現磨咖啡豆，享受鮮明躍動的新鮮香氣與風味，可說是最幸福的時刻。既然都要特地在家裡享受手沖咖啡了，應該也會想要使用現磨咖啡豆才是。

不過實際上，有許多人會在購買咖啡豆的地方，使用店家提供的磨豆服務；家裡有自備磨豆機的人可能並不多。雖然這樣仍能品嘗到美味的咖啡，但咖啡一旦磨成粉，香味就會隨時間流逝而消散，味道也會改變，這是不可否認的事實。如果你想泡出一杯專屬自己的最棒咖啡，就請試著自行在家使用

咖啡基本功 042 COFFEE BASICS

咖啡研磨機的正確使用方式

平刀式電動磨豆機的使用方式與訣竅

1 將咖啡豆放入豆槽

量好沖泡杯數所需的咖啡豆份量，放入咖啡豆槽。

2 用旋盤調整研磨度

旋轉旋盤就能調整研磨度。配合使用的器具，可選擇粗研磨、中研磨、細研磨。

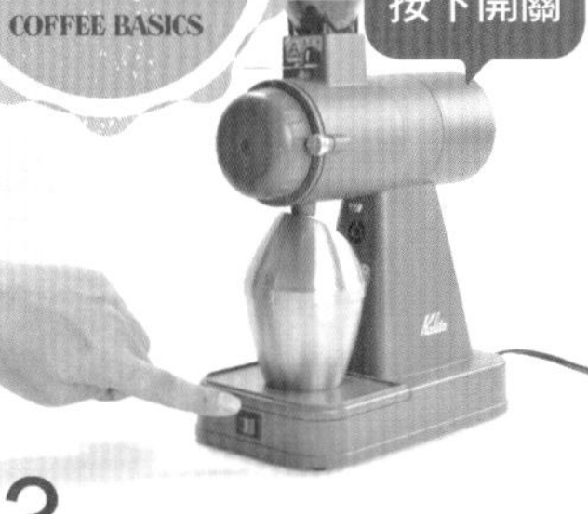

3 按下開關

最後按下開關，等待豆子研磨結束即可。快研磨好時聲音會改變，此時你就知道已經磨好了。

螺旋槳式電動磨豆機的使用方式與訣竅

1 只放入必要份量的咖啡豆

計算所需杯數的咖啡豆用量，將咖啡豆放入豆槽中。

蓋好上蓋

2 將上蓋蓋好

為了不要讓豆子飛得到處都是，還請蓋好上蓋。

3 持續按壓開關

藉由按下開關不放讓螺旋式刀刃旋轉，持續磨豆。如果要調整研磨度，就改變按壓時間的長度。

手搖式磨豆機的使用方式與訣竅

將豆子放入豆槽

1 將咖啡豆放入豆槽

將咖啡豆放入豆槽中。手搖式磨豆機，可根據旋轉時間改變研磨量，就算不事先測量好也無妨。

調整研磨度

2 調整咖啡豆的研磨度

即使是手搖式咖啡機，也能調整研磨度。調整成適合自己萃取器具的研磨度。

3 以穩定的速度持續旋轉

只要以穩定的速度旋轉手把，就能將豆子研磨均勻。

磨豆機研磨咖啡豆吧！此外，比起磨成咖啡粉，維持咖啡豆的狀態也有不容易氧化的好處。

　到目前為止都還沒嘗試過自己磨豆的人，應該都是因為覺得這太花時間了吧。確實，手搖式磨豆機等器具適合想享受包含磨豆在內的咖啡時光的人。花上時間和精力泡出一杯最棒的咖啡，透過手搖式磨豆的作業可以提升這樣的動機。雖然如此，絕大部分的人應該都沒有多餘時間和心情可以慢慢轉動手把。此時就很推薦使用電動磨豆機。馬達的力量可以在瞬間將豆子磨碎，立刻就能讓人享受到理想現磨咖啡的魔法機器。電動會不會影響風味呢……如果你有這樣的疑慮，可以選擇使用有鋒利陶瓷刀刃的磨豆機，或有低速旋轉等功能的機種。這樣就不易在磨豆時因摩擦而過熱，能減輕熱度導致的咖啡粉品質下降和風味減損。首先，希望你能先品嘗看看用電動磨豆機現磨的咖啡，應該能為你的咖啡生活帶來一大改變。

PART 2 挑選咖啡豆

廣泛分布於世界各地的咖啡產地

從世界地圖看咖啡生產國

中南美洲的生產國

05 宏都拉斯

宏都拉斯是軟水*國家，該國產的咖啡豆因適合日本的水質而受到歡迎。咖啡幾乎都是栽種於小規模農園，溫和甘甜的味道是其特徵。

* 水中所含的礦物質較少。

03 祕魯

安地斯山岳地帶中部以優質咖啡豆聞名的產地。過去高品質的咖啡豆會被和低品質的豆子混在一起，目前則因為品質持續提升而受到矚目。

01 巴西

在咖啡產量世界第一的巴西，世界上約有三成的咖啡是栽種於此，也是日本市面上最廣泛流通的咖啡豆。代表性的咖啡豆有巴西聖多斯。

06 瓜地馬拉

瓜地馬拉的咖啡豆多栽種於山地的斜坡上，栽種於海拔 1370m 以上高地的咖啡則屬高級品。是十分珍貴的配方咖啡基底。

04 厄瓜多

擁有世界海拔最高的咖啡農園，高達海拔 2000～2800m。加拉巴哥群島產的咖啡豆是以不使用化肥的天然農法栽種，非常稀少。

02 哥倫比亞

咖啡生產量排名第三。哥倫比亞咖啡豆的香氣與濃醇感有良好平衡，是溫和咖啡的代表。代表性的咖啡豆有哥倫比亞麥德林。

COFFEE BELT 咖啡帶

能栽種咖啡的環境

滿足栽種咖啡豆4項條件的土地，被稱為咖啡帶（或咖啡區），位於赤道到南北緯25度之間。中南美洲、亞洲、非洲、中東等主要咖啡生產國，全都涵蓋在這條咖啡帶之內。日本的沖繩群島勉強也算在咖啡帶內，雖然規模不大，但也有栽種咖啡。

中南美地區

10 古巴

主要栽種於中部與西部的山岳地帶，代表性的咖啡豆為水晶山咖啡*。此外，位於東南部的咖啡農園發祥地，其景觀被登錄為世界遺產。

* Crystal Mountain，又稱古巴藍山。

09 哥斯大黎加

哥斯大黎加以整體的優雅風味和適中的酸味為特徵。代表性的咖啡豆有珊瑚山咖啡（Coral Mountain），栽種於海拔 1500m 的斜坡上。

日本是世界第四大咖啡輸入國，咖啡文化持續蓬勃發展

從約6世紀起就在衣索比亞開始被飲用的咖啡，現在已經是遍及全世界的嗜好飲品。咖啡約莫在17世紀傳入日本，現在日本已成為僅次於美國、德國、義大利的世界第四大咖啡輸入國，每人的咖啡消費量高達每週11杯以上。在咖啡豆仰賴輸入的日本，都是引進哪個國家的咖啡豆呢？世界上有生產咖啡的國家約有70國，栽培出近200種以上的咖啡豆；不過占日本輸入量第一名的當然就是巴西了。巴西也是世界首屈一指的咖啡生產國，咖啡豆品質良好，廣受全世界喜愛。其他還輸入了越南、哥倫比亞、印尼、瓜地馬拉等40國以上的咖啡豆，才得以支撐起日本的咖啡文化。

原本要栽培咖啡豆，得滿足4項嚴格的條件才行。這

非洲・中東地區的生產國

19 喀麥隆

約從90年代末起，農民們開始積極共同生產高品質咖啡豆，因而受到矚目的產地之一。柔和的味道和濃郁芳醇感是其特徵。

17 坦尚尼亞

東非最大的國家、保存了豐富自然環境的坦尚尼亞，是在日本名聲僅次於藍山咖啡的吉力馬札羅的生產國，特徵是強烈的香氣和酸味。

15 葉門

世界上極早就開始盛行種植咖啡的葉門。代表性的咖啡豆有摩卡瑪塔莉，帶有果香及圓潤的酸味是其特徵。

20 尚比亞

1978年起開始栽種咖啡豆，是咖啡新興國中令人矚目的國家之一。有著後味清爽的酸味和微甜，甚至有人將其與紅酒相比。

18 肯亞

肯亞的咖啡豆整體品質高，特別是在歐洲有很高的交易價格。雖然一年採收兩次，不過從11月到隔年間採收的咖啡豆評價最高。

16 衣索比亞

咖啡豆的原產國。咖啡栽培盛行，據說每5人中就有1人從事咖啡栽培相關工作。代表性的咖啡豆有哈拉摩卡。

07 墨西哥

中南美地區最北端的生產國。雖然濃郁但少苦味，多做為單品咖啡飲用。所生產的有機咖啡也相當有名。

08 牙買加

被譽為兼具所有咖啡優點的藍山咖啡的產地。僅栽種於牙買加東側的藍山山脈部分地區。

北緯25度

14 15 12 16 19 18 13 17 20

□ = 阿拉比卡種生產國

□ = 羅布斯塔種生產國

□ = 阿拉比卡種・羅布斯塔種生產國

南緯25度

亞洲・太平洋地區生產國

14 印度

非洲之外最早開始栽種咖啡的國家，於卡納塔克邦栽種的咖啡豆最為有名。代表性的咖啡豆為風漬馬拉巴（Monsooned Malaba）。

13 印尼

印尼的蘇門答臘島與爪哇島是世界屈指可數的咖啡產地。生產曼特寧、托拿加、麝香貓咖啡等在全世界獲得好評的咖啡。

12 越南

幾乎都是使用於配方咖啡或即溶咖啡，不過是近年來急速成長的咖啡產地，目前已成為世界第二大咖啡生產國。

11 夏威夷

主要栽培於可娜（Kona）地區約600m的低海拔處，不過和中美洲海拔1200m的地區有著相同的氣候條件。因為品質優良且產量少，在全世界有極高價值。

4項條件就是「年雨量1800～2500mm」、「有適度的日照」、「年平均氣溫為20度左右」，以及「肥沃且排水良好的土地」。滿足這些條件的地區，正是被稱為「咖啡帶」的地區。咖啡帶是赤道到南北緯25度之間的區域，這也是為什麼咖啡生產國都集中於中南美洲、非洲、中東等地的原因之一。而且，咖啡豆的栽培場所都位於標高500m～2500m的山地或高地。只要栽培在山地或高地上，即使是在位於赤道上的炎熱國家，也能維持20度左右的氣溫。可以說，咖啡豆只能栽培於精挑細選過的土地上。

根據生產國和地區的不同，也能享受各地咖啡的各種味道特色。近年來在亞洲地區也盛行栽培咖啡豆，目前已占世界約三成的產量。日本的咖啡輸入量也在這50年內成長了50倍，在這之後應該也會持續成長吧！雖然目前還是以中南美洲和非洲的咖啡豆最受歡迎，但亞洲的咖啡豆也持續普及中。

享受不同產地和品種的滋味吧！

咖啡豆採購指南

中南美

巴西 #001 巴西沙帕達自然日曬

帶果香的酸味和巧克力般的甜味是其魅力所在

在帶有柑橘與櫻桃果香的清爽微酸之後，如黑巧克力和焦糖般的甘甜久久不散，這樣的滋味構成它的魅力。

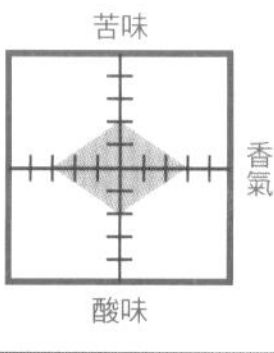

（推薦的烘焙度）
中度微深烘焙～中深度烘焙

巴西 #002 巴西蜜處理

只使用咖啡甜味成分附著較多的咖啡豆

在生產過程中會留下較多含甜味成分果膠層的咖啡被稱為蜜處理咖啡。飲用時會感受到較強的甜味與醇度，是很獨特的咖啡豆。

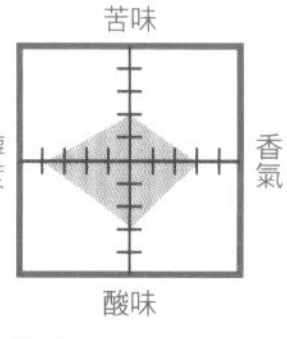

（推薦的烘焙度）
中度微深烘焙～中深度烘焙

哥倫比亞 #003 哥倫比亞翡翠山（小農批次）

62家小規模農園費心栽培的獨特咖啡豆

特徵是有著哥倫比亞產咖啡豆的獨特深厚濃醇感、柑橘果香等多種類混合的複雜香氣。令人感到溫和的滋味易於入口。

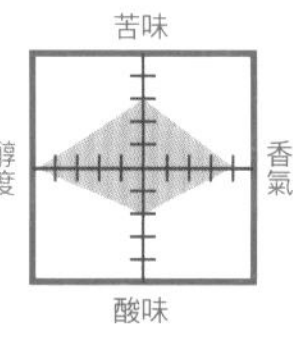

（推薦的烘焙度）
微深度烘焙

祕魯 #004 cafe ORCHIDEA（高橋農園）

據說有著「祕境神祕風味」的獨特風味咖啡豆

有著木質香與獨特甜味，祕魯阿恰馬魯村產的咖啡豆。在堅果甜味和木質香氣之後，會伴隨著微酸的甜味。雖然溫和好入口，但也很有個性。

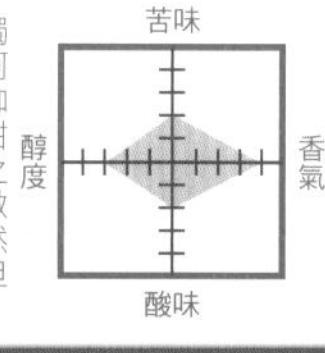

（推薦的烘焙度）
中度烘焙～中深度烘焙

巴西 #005 巴西

在口中擴散的香氣與有著良好平衡的風味十分順口

來自紅色肥沃大地的咖啡豆。能泡出兼具華麗香味與咖啡豆原有醇度，有著良好平衡的咖啡。

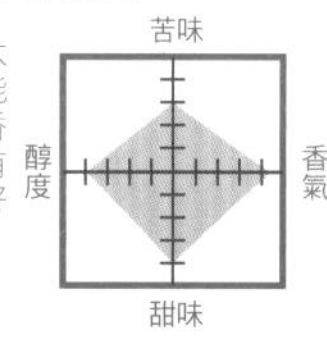

（推薦的烘焙度）
中度微深烘焙

瓜地馬拉 #006 SHB 法式烘培

保有紮實個性的同時，又有良好平衡的風味

不過度張揚酸味、醇度和香味，而又不抵銷彼此間的風味，能感受到紮實感的咖啡豆。口感輕盈好入口是其特徵。

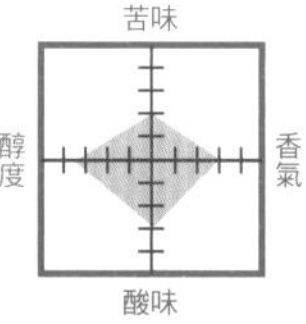

（推薦的烘焙度）
中深度烘焙

坐擁世界咖啡豆產量第一大國巴西的中南美洲

南美洲的主要咖啡生產國有巴西、哥倫比亞、委內瑞拉、厄瓜多、祕魯、玻利維亞、巴拉圭等7個國家。其中巴西是世界第一的咖啡豆產地。巴西是從1727年起開始栽種咖啡。位於巴西東南部的米納斯吉拉斯州、聖保羅州和巴拉那州，有著最適合栽種咖啡樹的天候及肥沃的土地，所以在過去皆是以這三個州為中心栽種。近年來南部時常蒙受霜害，栽培地區也開始北移。現在是以米納斯吉拉斯州為中心，盛行於大規模農園中栽培。所栽培的咖啡豆種類豐富，以阿拉比卡種、羅布斯塔這兩個品種栽培出了各式各樣的咖啡豆。

在味道特徵上，在日本市面上流通最多的也是巴西產的咖啡豆，因此以對日本人來說接受度高、酸味和苦味平衡的種類為多。在1999年首度針對國產咖啡舉辦評鑑會的也是巴西。現在則有很多國家都會舉辦評鑑會。

位於巴西西北方的哥倫比亞則是世界第三大咖啡生產國。盛行在海拔1000〜2000m的山地斜坡上種植，所以栽種品種以阿拉比卡種為主流。該國在1732年就開始栽種咖啡樹，從古栽培咖啡至今。哥倫比亞的咖啡栽培以小規模農園為多，並由哥倫比亞國立咖啡生產者協會（FNC）負責生產到流通的管理，支撐咖啡產業。農園會和FNC派遣來的顧問一同努力提升品質，也積極導入最新設備等，相當講究栽培品質。哥倫比亞產的咖啡豆，大多是成熟之後才摘採，甜味芳醇。在適中的酸味中能感受到熱帶水果般的風味。祕魯栽種的咖啡在過去多用於配方咖啡，不過近年來無論是產量、輸出量都有年年增加的趨勢，今後在咖啡豆專賣店中，祕魯的國名或許會逐漸吸引目光也說不定。

在中美洲的瓜地馬拉，是由國立咖啡協會積極提供農業支援。該國幾乎所有咖啡都是栽種於山地的斜坡上，因此將咖啡栽培於*遮蔭樹下是其特徵。

* Shadow Tree，指能幫咖啡遮陽的樹種。

Coffee Break
MEMO

藉由「熟成」（養豆）來改變風味

新豆（New Corp）與老豆（Old Crop）

大部分的人都知道，新鮮的豆子是美味咖啡不可或缺的要素。不過，你知道咖啡豆也有像紅酒一樣的「熟成」過程嗎？咖啡豆會根據採收後經過的時間，而有不同名稱。當年採收稱為新豆（New Crop），與此相對，熟成超過3年以上的稱為「老豆」（Old Crop）。再加以細分的話，還可以分為「當季豆」（Current Crop）、「舊豆」（Past Crop）等。大多數的店裡都是分為新豆跟老豆兩種。「crop」指的是咖啡生豆的意思。

新豆
採收幾個月內的生豆
▼
當季豆
採收幾個月～1年內的生豆
▼
舊豆
採收後1～2年內的生豆
▼
老豆
採收後存放3年以上的生豆

有著圓潤溫和風味的老豆

雖然目前以新鮮生豆萃取蔚為主流，但老豆還是有很多死忠粉絲。新豆的苦味、酸味等味道和香氣相當清晰，舊豆則有著較為溫和的輪廓。不過，並不是每種豆子都適合放著熟成。味道強烈、直接做為新豆會太有個性的豆子比較適合用於老豆。在專賣老豆的咖啡店中，甚至還有熟成10年以上的豆子。還請務必品嘗看看熟成咖啡豆的滋味。

瓜地馬拉 # 008

瓜亞沃莊園

Coffee Carrot
容量：200g

舒適的甜味與芳醇香氣餘韻長存的良好後味

稱為帕卡瑪拉（Pacamara）種的咖啡豆在瓜地馬拉是非常稀有的品種。其特徵是顆粒較大，且帶有莓果般的濕潤度及紅酒般的豐富濃醇感。

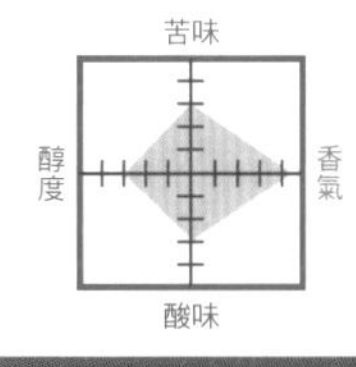

（推薦的烘焙度）
中深度烘焙

哥倫比亞 # 007

哥倫比亞薇拉法蒂瑪

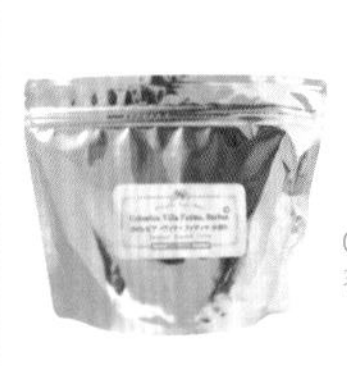

Coffee Carrot
容量：200g

擴散到整個口中的甘甜花香是其特徵

能感受到桃子、麝香葡萄及杏桃的味道，並會隨著溫度變化成莓果香。餘韻則是溫和的酸味與花香。

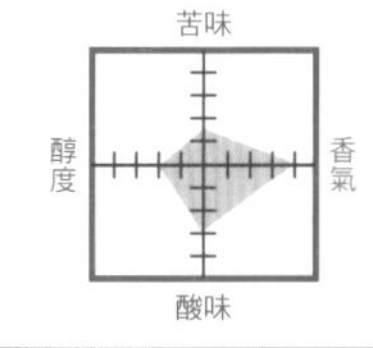

（推薦的烘焙度）
中度微深烘焙～微深度烘焙

COFFEE BREAK

精品咖啡誕生的理由是？

不是從生產者的角度，而是從消費者的角度給予評價

近年來，在日本常聽到「精品咖啡」一詞，但這到底是什麼樣的咖啡呢？「精品咖啡」一詞原本是出現於90年代中葉；而在此之前，各個咖啡生產地都是用自行決定的標準進行等級劃分，也有很多農園和品種不明確的咖啡。舉個例子來說，例如像是只標註「法國產」或「智利產」的狀況。因此，就算咖啡的等級再高，也無法保證美味的程度。不是從生產者的角度，而是以從消費者角度設立的標準進行評價，就是精品咖啡誕生的理由。

COFFEE BREAK

來自於動物的夢幻咖啡

從喜歡咖啡的動物排泄物中取出的咖啡豆

印尼有種咖啡豆稱為「麝香貓咖啡」（Kopi Luwak）。「Kopi」在印尼語中咖啡，「Luwak」則是麝香貓的意思，實際上則是一種從麝香貓糞便中取出的咖啡豆。麝香貓只會食用已成熟的咖啡果實，無法消化的種子則會以留有種子外層薄皮的狀態排出。將從糞便中取出的種子確實洗淨，去除外殼後就成了麝香貓咖啡。因為受到麝香貓的消化酵素與腸道內細菌的影響，這種咖啡豆以獨特的強烈香氣及複雜的風味為特徵，數量極為稀少、價格高昂，因此也被譽為夢幻咖啡。世界上還有其他和動物有關的咖啡，如果找到的話還請務必品嘗看看。

非洲・亞洲・配方豆

衣索比亞　# 001

摩卡天然日曬

Circus Coffee
容量：100g

會讓人想到咖啡原本是一種果實

既有果香同時又有酸味，能感受到柔和、清新的香氣。苦味則沒有那麼強。有著芒果般的甘甜，能享受到清爽的風味。

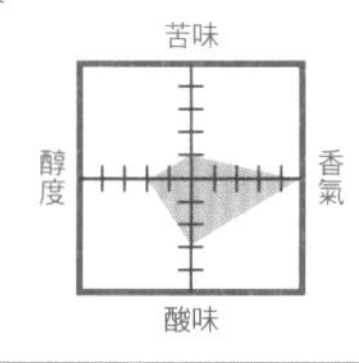

（推薦的烘焙度）
中度烘焙～中度微深烘焙

印尼　# 002

曼特寧蘇門答臘虎

Coffee Carrot
容量：200g

所有風味都處於高等級的極致曼特寧

有厚重濃醇感的莓果風味。後味是曼特寧特有的草本味（宛如泥土味），風味出色。厚重濃郁、如巧克力和堅果般的印象十分有魅力。

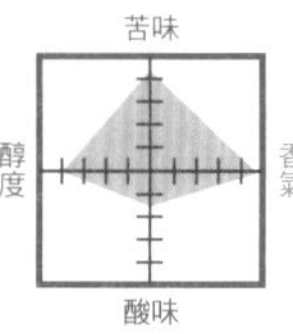
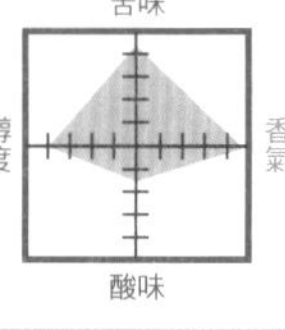

（推薦的烘焙度）
極深烘焙

配方豆　# 003

森之咖啡

銀座 PAULISTA 咖啡
容量：180g

出色的平衡風味與溫和的味道令人放鬆

不管是酸味、苦味、香氣都不特別突出，達成良好的平衡。因為是在森林般的農園中種植，且不使用農藥，所以才能有這般溫和的味道。

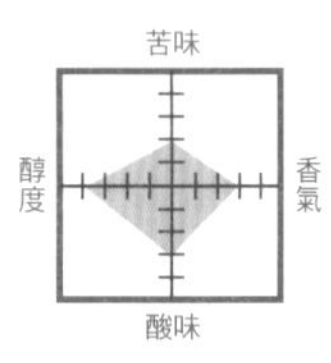

（推薦的烘焙度）
中度烘焙（固定）

印尼　# 004

多芭湖曼特寧

CIRCUS COFFEE
容量：100g

曼特寧的豐富香氣與微甜的苦味

印尼蘇門答臘島林東地區所栽培的咖啡豆。在強烈的苦味中能感受到微微甘甜。因為沒有雜味，喝起來的口感意外順口。

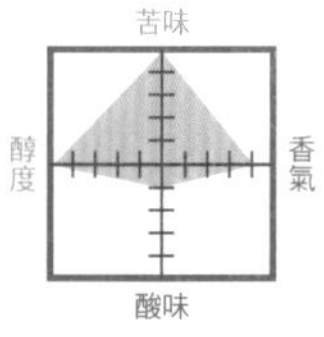

（推薦的烘焙度）
微深度烘焙～極深烘焙

巴布亞紐幾內亞　# 005

天堂鳥莊園

土居咖啡
容量：200g

開始萃取時就會飄散出水果香氣

甜味與苦味強烈，有深厚濃醇感。飄散出的隱約果香令人舒爽。不但能做為單品咖啡飲用，紮實的滋味也適合用來製作咖啡歐蕾。

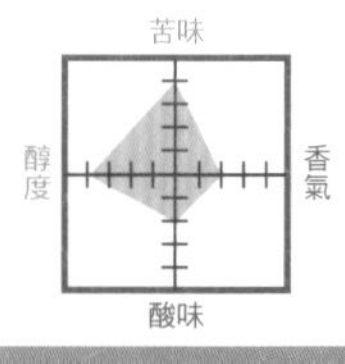

（推薦的烘焙度）
微深度烘焙

配方豆　# 006

丸山咖啡配方豆

丸山咖啡
容量：100g

豐富香氣加上有深度的味道，有著濃郁厚重感的咖啡

將中南美洲的咖啡豆各自深焙後混合而成。有著甜味與苦味相互平衡、巧克力般的風味，構成一支有華麗感的咖啡豆。

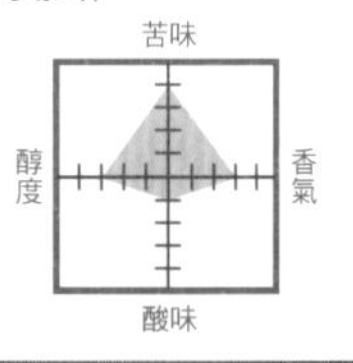

（推薦的烘焙度）
微深度烘焙

擁有悠久歷史與傳統的咖啡原產地

衣索比亞是咖啡樹的原產國，阿拉比卡種咖啡樹過去在此自然生長。6～9世紀傳入葉門，進而傳入歐洲，接著迎來大航海時代（15～17世紀）而傳遍世界各地至今。羅布斯塔種則於19世紀發現於非洲的維多利亞湖，經由歐洲向外傳。非洲及中東和咖啡的歷史有深切的關聯，現在也以咖啡做為重要產業，在衣索比亞國內即大規模地栽種咖啡。該國自古就有飲用咖啡的傳統，相對於其他非洲國家的咖啡幾乎全數輸出到國外，衣索比亞的咖啡生產量有40％都是用於內需。提到咖啡的產地，大多會馬上聯想到中南美洲、非洲等地，但目前在亞洲也十分盛行栽培咖啡。印尼位於咖啡帶正下方，該國的蘇門答臘島所栽種的曼特寧咖啡在全世界皆有很高評價，可說是印尼咖啡的代名詞。接近赤道的巴布紐亞幾內亞則是從1928年開啟咖啡的商業化種植，是相對新興的產地，在以位於該國正中央位置的芒特哈根（Mount Hagen）為中心的高原地帶進行咖啡栽種。

Coffee Break

MEMO

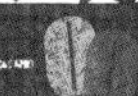

真正美味咖啡豆的標準在哪裡？

會讓日本人覺得美味的咖啡

日本於2003年設立了日本精品咖啡協會（Specialty Coffee Association of Japan，SCAJ）。其評鑑標準是將重點放在會讓日本人感到美味的風味。SCAJ設定了精品咖啡的定義，並只將符合該定義的咖啡豆所製成的液態咖啡，以杯測（Cup Quality）方式加以評鑑。在精品咖啡登場之後，不只是生產國，生產地區、農園、生產者、品種、精製方式等都有了更加明確的詳細劃分，不但增加了咖啡飲用者的選項，也變得能品嘗到真正美味的咖啡。

咖啡杯測的評鑑標準

01 杯測的乾淨度
風味沒有缺陷或缺點，有著能表現出土地特有風味的透明度。

02 甜度
甜度與咖啡果實是否在最佳成熟度下採收、是否均衡熟成有直接關聯。

03 酸味特性（酸質）
並不是評鑑酸味強烈與否，而是品質是否良好。針對咖啡是否有明朗清爽或細緻的酸味進行評鑑。

04 含入口中的質感
以稠度、密度、厚度、濃度、滑順感等感覺及觸覺進行評鑑。

05 風味特性・風味觀察
綜合味覺與嗅覺，評鑑是否能表現出土地各有的風味特性。

06 後味的印象程度
評鑑喝完咖啡後延續的風味與鼻腔感受到的香氣等。

07 平衡
評鑑風味是否取得平衡、是否有過於突出或欠缺之處。

配方豆 # 008

法式經典配方

Cocktail 堂
容量：200g

微苦的滋味中有著輕盈的香醇甘甜

這支咖啡的味道讓人想起歐洲傳統的烘豆工房。一入口，便能在苦味之後感受到輕盈的甜味，口感滑順好入口。

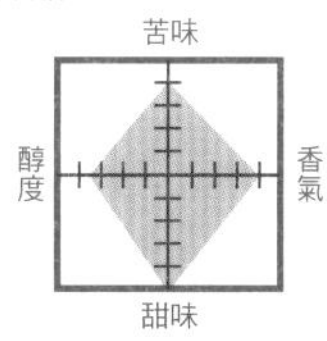

（推薦的烘焙度）
極深烘焙

配方豆 # 007

法式配方

咖啡傻瓜的店
容量：100g

品嘗得到紮實的苦味與濃醇感

雖然苦味與醇度強烈，不過後味清爽而容易入口。喜愛苦味的人還請務必喝看看。就算泡成冰咖啡飲用，風味也不會被稀釋。

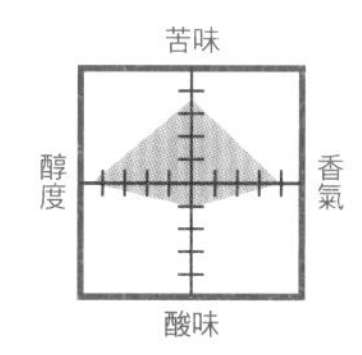

（推薦的烘焙度）
極深烘焙

刊載店家一覽

- 伊東屋咖啡
http://www.itoyacoffee.com/
- 銀座 PAULISTA 咖啡
http://www.paulista.co.jp/
- Coffee Carrot
http://www.coffeecarrot.com/
- 咖啡傻瓜的店
https://www.rakuten.ne.jp/gold/coffeebaka/
- Cocktail 堂
http://www.cocktail-do.co.jp/
- CIRCUS COFFEE
http://www.circus-coffee.com/
- 土居咖啡
http://www.doicoffee.com/
- Pushi Pushi Coffee
http://www.pushipushicoffee.com
- 豆 NAKANO
https://www.mamenakano.com/
- 丸山咖啡
http://www.maruyamacoffee.com/

配方豆 # 009

溫和配方

Cocktail 堂
容量：200g

清爽的飲用口感與微微的苦味

將哥倫比亞、巴西等單品咖啡豆先烘焙、後混合而成的配方咖啡。是一支有濃醇感的溫和咖啡。

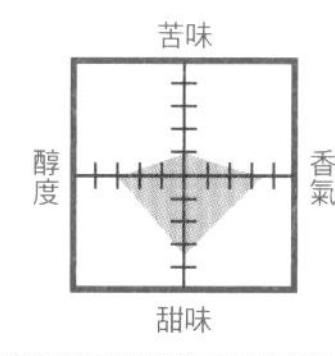

（推薦的烘焙度）
中度烘焙

享受和單品咖啡不同的樂趣

在咖啡廳或咖啡專賣店，一定會有很不錯的「配方咖啡／配方豆」（Blend）。那麼，什麼是配方咖啡呢？每種咖啡豆原本在酸味、苦味、香味與醇度上就有不同個性。為了讓不同咖啡豆的個性互補及彌補缺點，混合數種咖啡豆而成的就是配方咖啡了。配方豆沒有一定的豆子組合和搭配比例，會根據不同店家而有不同的味道與個性。此外，彌補缺點並不是混合配方豆的唯一目的。配方豆也扮演了各店家招牌商品的角色。因為特定的配方豆只有特定店家會販售，如果味道不穩定的話，該店家的品質也會受到質疑。雖然咖啡豆的流通量大多是穩定的，但畢竟是植物，可能會因為氣候或病蟲害等原因而無法取得相同的咖啡豆。即使如此，能持續供應相同風味的配方豆還是很重要。

此外，你也可以挑戰混合配方豆。混合數種烘培好的豆子，一起用磨豆機研磨，就能完成獨創的配方咖啡。訣竅是不要用公克數計算咖啡豆的量，而是要用量匙等器具以容量計算。先從少量的配方豆開始嘗試，漸漸摸索出自己喜歡的味道，這也是享受咖啡的方式之一。

咖啡基本功 043 COFFEE BASICS

準備不同類型的濾杯，享受各式各樣的滋味吧！

濾杯不同，味道也會有所不同

Melitta式濾杯 泡出濃郁滋味

濾孔的位置較高，可以萃取出深層的香氣

在Melitta所製造的產品中，「香氣過濾構造」是其一大特點。因為只有單一濾孔且位置較高，悶蒸的時間會稍微拉長。能在不受注水速度影響的情況下，萃取出深層的香氣。

悶蒸時間較長

Kalita式濾杯 泡出清爽滋味

藉由3個濾孔與直條狀溝槽，達成不帶雜味的風味

因為有3個濾孔，萃取速度較快。內側有數條縱向溝槽，注入的熱水會直接通過咖啡粉。能搶在雜味釋出前萃取出美味的部分。

萃取速度較快

Key Coffee鑽石濾杯 泡出平衡滋味

能藉由鑽石狀的切割面調整到最合適的速度

內側有鑽石狀的凹凸面是其特徵，看起來也十分美觀。熱水會沿著切割面的鋸齒狀流下滴落，能調整出最合適的萃取速度。不易萃取出雜質，能達到良好平衡。

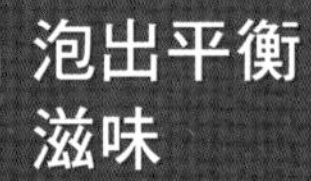

鑽石狀切割面

Hario式 泡出滑順滋味

更易於調整濃度，並確實萃取出咖啡中的成分

濾孔只有一個，且孔洞較大，只要調整注入熱水的速度就能調整濃度。內側有如漩渦狀的長型溝槽。熱水會在溝槽停留後再往中央流去，所以能確實萃取出咖啡中的成分。

有著漩渦狀溝槽

藉由改變器具打造出自己喜歡的味道

如上述，濾杯分成許多不同的種類，沖泡出的咖啡味道也會因為咖啡豆的研磨方式、沖泡時的重點等有所不同。

價格最為合理、最能輕鬆嘗試的就是塑膠濾杯，Kalita、Melitta、Hario、Key Coffee等製造商都有發售。如果能以最佳方式沖泡優質咖啡豆，就能泡出不輸咖啡館的味道。金屬濾杯雖然沖泡方式相同，但味道會因含有較多油脂而變得不同，這點十分有趣。

如果你想按照心情嘗試各種不同的味道，也可以試著挑戰法蘭絨濾布沖泡、法式濾壓壺、虹吸式咖啡壺等。如果你想在家也能輕鬆泡出咖啡館喝得到的濃縮咖啡或卡布奇諾，雖然價格高上許多，但下定決心買一台濃縮咖啡機也是一種方式。確認好自己大致的使用喜好和方式等，找出自己喜歡的濾杯吧！

金屬濾杯

享受咖啡原有的香氣

讓咖啡豆的風味
直接釋出

網孔比濾紙來得粗，油脂也會一起通過，所以能更直接地享受咖啡豆的風味。因此，最好選擇品質好的咖啡豆。因為不需要購買濾紙，所以也比較環保。

手沖咖啡濾壺

沒有雜味的爽口滋味

能藉由專用濾紙
達到均衡的萃取

有著像是結合三角燒瓶和漏斗的美麗形狀，以及好拿且有溫度的木把。專用濾紙為錐形，咖啡會從單一出口滴落，所以能泡出均衡的濃度。不但沒有雜味，風味也很豐富。

愛樂壓

讓咖啡豆的成分直接釋出

藉由空氣加壓萃取，1分鐘就能泡出高品質咖啡

只要放入咖啡粉和熱水後按壓，就能藉由氣壓透過濾紙萃取咖啡。只要1分鐘就能完成，十分快速且受歡迎，任何人都能萃取出品質穩定的咖啡。能讓咖啡豆的成分直接釋出。

法蘭絨濾布

萃取出較多油脂

微粒子也會通過
所以能泡出滑順口感

使用有著柔軟觸感的磨毛法蘭絨。網孔比濾紙來得粗，微粒子也會通過滴落，所以能萃取出喝起來口感滑順咖啡。只要將法蘭絨濾布浸泡在水中保存，就能持續使用。

濃縮咖啡機

輕鬆泡出好咖啡

輕輕一按就能
泡出不輸咖啡廳的味道

業務用的濃縮咖啡機雖然要30萬元以上，但家用的只要幾萬元，價格合理。可以享受極細研磨咖啡粉的濃郁滋味。如果有附電動奶泡器，還能享受到卡布奇諾。

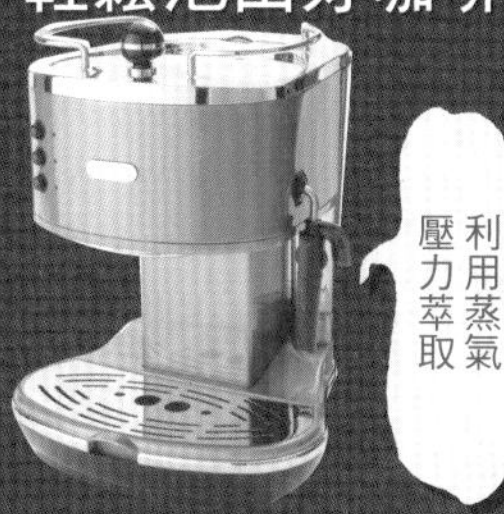

法式濾壓壺

萃取咖啡原有鮮味

只要從上方按壓
就能泡出道地咖啡

在粉槽中放進咖啡粉與熱水，等待4～5分鐘，從上方按壓即完成。能充分品嘗到高品質咖啡豆的鮮味，連油脂都不錯過。不管是誰都能泡出穩定的咖啡，是它受歡迎的祕密。

義式摩卡壺

苦味較強的濃縮咖啡

只須直火加熱就能享受到濃郁的濃縮咖啡

透過直火產生蒸氣壓力，讓熱水通過粉槽中的咖啡粉，將濃縮咖啡萃取到上壺中。這是義大利家戶必備的濃縮咖啡器具，用法也很簡單。

虹吸式咖啡壺

泡出濃醇滋味

最適合喜歡
熱騰騰咖啡的人！

可親眼目睹咖啡沖泡完成的過程，很有戲劇效果。為了不要泡出苦味和澀味，注意火的大小和用攪拌棒攪拌是重點所在。在泡好前會以火持續加熱，所以能享受到熱騰騰的咖啡。

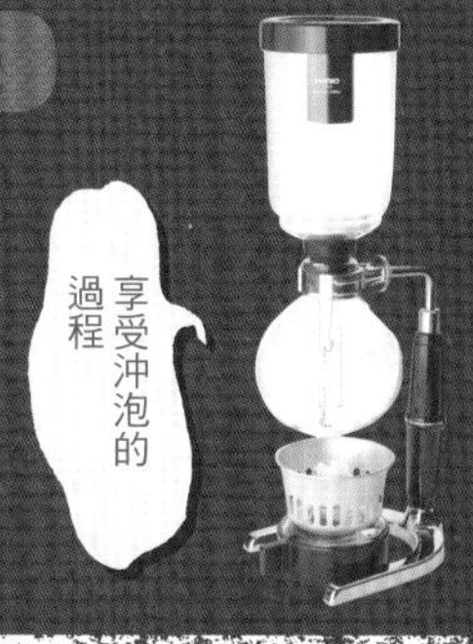

為濾杯準備合適的濾紙吧！

梯形濾杯要用梯形濾紙、錐形濾杯要用錐形濾紙，還請選擇相符的形狀。

咖啡滲濾壺

煮出一杯美式咖啡

有著可以隨自己喜好調整濃度的樂趣

藉由直火將水加熱，沖泡時熱水會通過粉槽數次。主要用於野外活動，可以看透明的提鈕處，當咖啡的顏色慢慢由淡轉濃時即可關火。

快來認識沖泡出美味咖啡的方法

沖泡咖啡時須注意的4大重點

Point 1 挑選咖啡豆

選擇喜歡的豆子準備必要的份量

一開始購買時，最好到專賣店告訴店員自己的喜好，請他們推薦。買好後，在滴濾咖啡前先量好所需的份量吧！

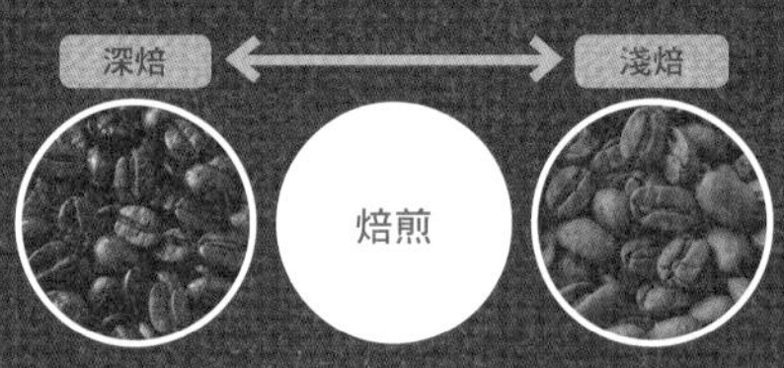

豆子的烘焙度也要講究。烘焙程度不同的話，即使是同一種咖啡豆，也會產生酸味或醇度的不同。烘焙度基本上分為淺焙、中焙、深焙三個階段。

Point 2 咖啡豆的研磨度

沖泡前再研磨咖啡豆

咖啡豆在被磨成粉狀的當下香氣最為強烈。要用磨豆機研磨，請在沖泡的前一刻再磨。研磨時請注意顆粒大小要平均。

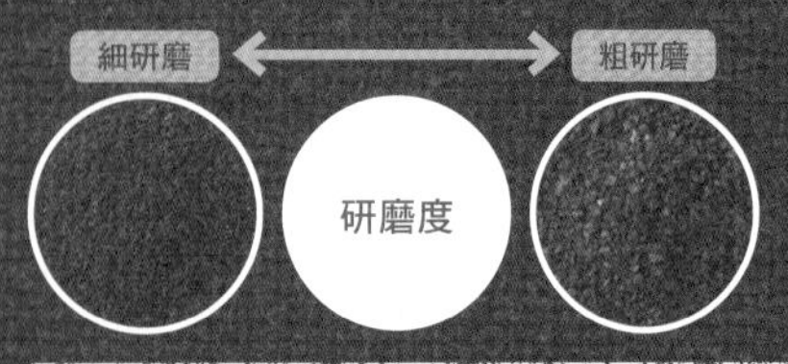

粗研磨適合熱水和咖啡接觸時間較長的情況，細研磨則適合濃縮咖啡或冰滴咖啡。滴濾式咖啡適合用中研磨。

Point 3 熱水的溫度

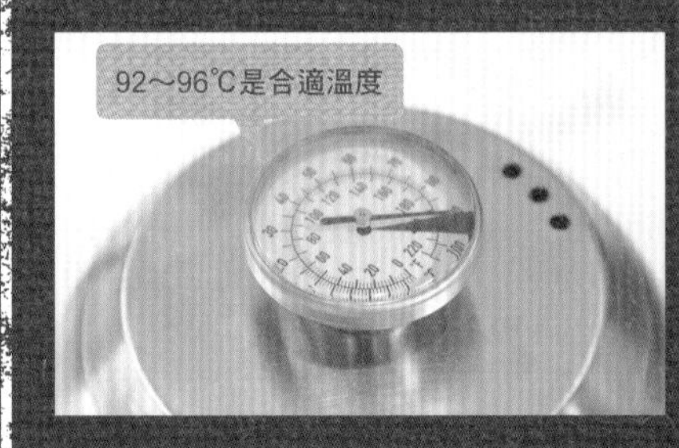

泡出香氣豐富且清爽的風味

使用中焙咖啡豆進行手沖，合適的溫度是92～96℃。能泡出香氣豐富且清爽的滋味。想泡出酸味，也是合適的溫度。

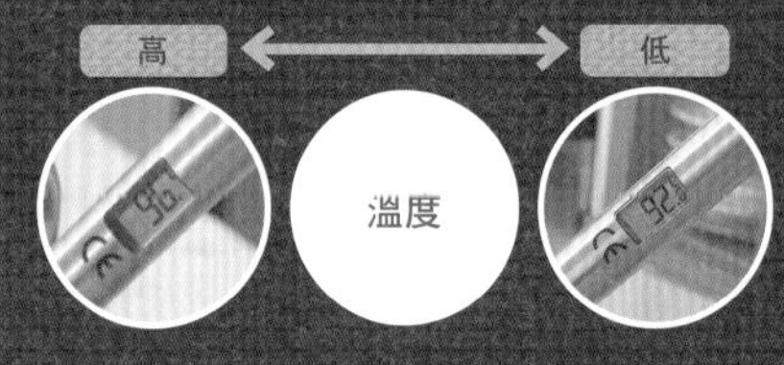

水溫低能抑制苦味，泡出清爽風味；水溫高，則酸味和苦味會變強。溫度不建議超過96℃。

Point 4 注水的速度

注入熱水時要緩慢且沉穩地進行

注入熱水時要「緩慢且沉穩」。使用注水口較細的咖啡壺會更好。一般茶壺的注水口太粗了，會一下子倒出太多水，不適合用於手沖咖啡。

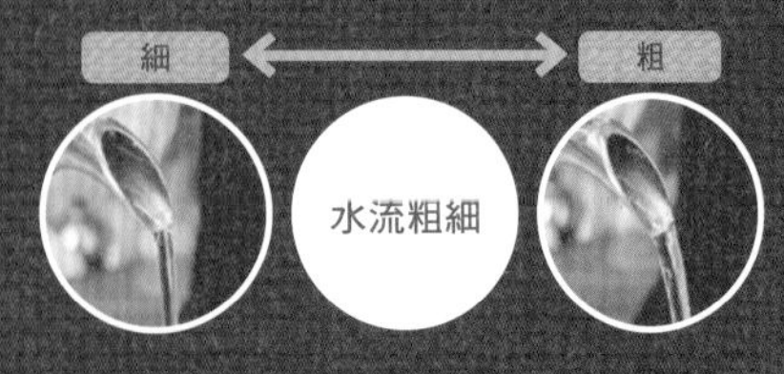

水流粗速度就會快，造成咖啡悶蒸時間不足。手沖咖啡時請注意要維持細水流，緩緩地注入。

用手沖咖啡泡出自己喜歡的風味

手沖咖啡的沖泡方式，決定了苦味是否過重，或是否泡得太濃。要泡出想要的風味，就必須意識到「咖啡豆的挑選方式」、「咖啡豆的研磨度」、「熱水的溫度」、「注水的速度」四點。

首先，選擇自己喜歡的咖啡豆，為沖泡咖啡做好準備。一杯咖啡約需要12公克咖啡豆、180毫升的熱水。研磨豆子時，粗研磨的風味較清爽、中研磨有良好平衡、細研磨能沖泡出濃郁且苦味較強的咖啡。豆子等要沖泡前再磨。剛研磨好時是咖啡豆香氣最為強烈時，香氣會隨著時間過去減弱。92～96℃是最合適的熱水溫度。如果高於這個溫度，就有可能連雜味都萃取出來，因此最好在水煮沸後稍微放涼。注入熱水的速度可以咖啡壺注水口的出水粗細做為參考。水流粗速度就快，相反地，水流細速度就慢。注水速度快，咖啡會比較清爽；慢的話，風味就會變得濃郁。只要多泡幾次，就能漸漸掌握這個感覺。

滴濾咖啡時，先讓少量咖啡粉整體充分浸泡。接著靜待10秒～50秒，進行「悶

手沖咖啡可以自由自在調整風味

苦味．濃醇 ⟷ 酸味．爽口

咖啡豆的研磨度

較濃郁的咖啡

細研磨能泡出苦味和醇度。適合冰滴咖啡或濃縮咖啡。

風味平衡的咖啡

中研磨能在甜味、酸味與苦味中取得平衡，也不會有怪味。

較清爽的咖啡

粗研磨能泡出苦味和澀味較少，風味清爽且酸味明顯的咖啡。

＋

熱水的溫度

如果溫度較高，咖啡會泡得較濃郁且苦味明顯。

92℃是標準的熱水溫度，能享受到豐富香氣與良好平衡的風味。

較低的溫度需要更多萃取時間，能泡出圓潤風味。

＋

注水的速度

用細水流注水，能緩緩地融入咖啡粉中，萃取出美味成分。

較細的水流最適合手沖咖啡。

水流粗，能泡出苦味較少、較清爽的風味。

細研磨、較高溫、以細水流注水是重點

請注意不要讓水溫過高，或水流過細。細研磨咖啡豆容易萃取出微粉或澀皮，這是造成雜味的主因，所以如果注入高溫熱水，或水流太慢，有可能會泡出多餘的雜味。

滴濾時謹記中研磨、水溫92度、水流較細

能泡出甜味、酸味、苦味相互平衡、好入口的咖啡。對初學者來說，控制「較細」水流的速度或許較難，可以用粗水流或細水流都泡泡看，找出適中的味道。

滴濾時要意識到粗研磨、較低溫、較粗水流

這樣較不容易萃取出咖啡的成分，所以能抑制苦味、澀味等刺激，泡出清爽的風味。推薦使用Kalita的三濾孔濾杯，能加快萃取速度。順道一提，烘焙度以深焙較為合適。

蒸」。待咖啡粉膨脹完畢後，才開始正式的萃取。從咖啡粉的正中間開始，以劃圓的方式注入熱水。此時浮起的白色泡沫是雜質，請在泡沫溶解消下前再次注入熱水。

手沖咖啡時應注意要沉著地進行，盡量不要讓咖啡粉浮動。如果咖啡粉浮動得很厲害，就有可能泡出雜味。接著，注入熱水時請不要直接澆在濾杯上。這會讓熱水尚未接觸到咖啡粉就直接流到下面去，咖啡也會因此變得淡然無味。最後，請不要等到濾杯中的熱水全數滴完。如果將咖啡萃取到底的話，會連雜味也跑出來，還請在熱水滴完前將濾杯從咖啡壺上移開。

下一頁開始
要由專家告訴你沖泡方法！

泡出不膩口的味道

咖啡基本功 045 COFFEE BASICS

Kalita式濾杯能泡出口感佳、不管幾杯都喝得下的咖啡

Kalita 102-D

尺寸●高126×寬106×深85mm
重量●105g 人數●2～4人用

內側有直條狀溝槽（rib），讓熱水可以直接通過咖啡粉。這樣的溝槽能加快萃取速度。

SIDE

三個濾孔的構造能濾除雜味

底部有三個濾孔的Kalita式濾杯，其構造能加快萃取速度，讓咖啡不會在濾杯內停留過長的時間，自然地滴落。能藉由改變注水速度，達到調整風味的效果。

專家來帶路
Cafe's Kitchen學園長
富田佐奈榮女士

咖啡廳創業學校的先驅。創辦日本咖啡廳企劃協會，為普及與培育實踐資格、提升咖啡廳產業的品質而努力。

TOP

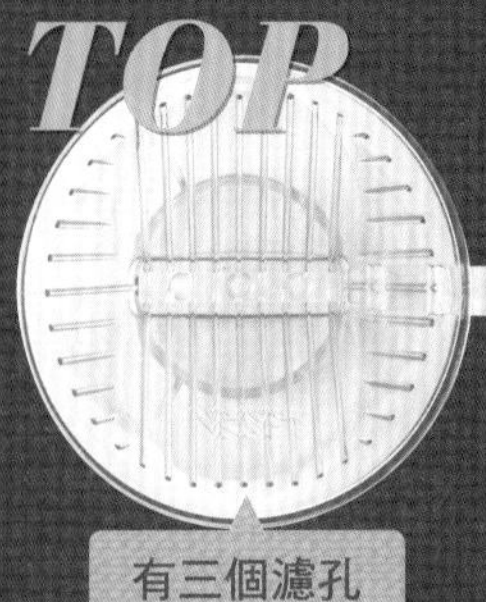

多個濾孔比單一濾孔萃取速度更快，能萃取出雜味較少的咖啡。

有三個濾孔

中研磨咖啡粉

中研磨的顆粒比粗粒砂糖稍細，最適合用於Kalita式濾杯。

Kalita系列的其他濾杯

玻璃製、銅製濾杯有著絕佳存在感

Kalita濾杯還有玻璃製與銅製的種類。據說各自能萃取出的咖啡風味都有所不同。

Kalita
玻璃濾杯185
（芒果黃）

有著美麗透明感的耐熱玻璃製濾杯。使用專用的波浪濾紙，能達到接近法蘭絨濾布的萃取。

Kalita
102-CU

銅製咖啡濾杯有著抗菌效果與良好的導熱性。銅的厚重感醞釀出高級感，是能帶起使用者高昂情緒的逸品。

Kalita式濾杯的風味特色

風味指標（5階段評鑑）

苦味	酸味	醇度	爽口
2	3	2	4

紮實的咖啡風味 清爽的後味是其魅力所在

Kalita式濾杯會忠實反映出注水速度所帶來的影響。注水速度越快，泡出的咖啡越清爽，能充分感受到不膩口的滋味。

藉由注水速度調整萃取速度 帶出咖啡的鮮美滋味

Kalita式濾杯的一大特徵就是底部的三孔構造。跟單一濾孔比起來，三孔的萃取速度較快。藉這個構造可達到理想的萃取速度，帶出咖啡原有的美味。

這裡所介紹到的塑膠製「Kalita 102」濾杯也具備這個特點。其內側有著長而筆直的溝槽（rib），注入熱水萃取咖啡時，熱水不會停留在濾杯中，而是會以更快的速度低落。這會產生明顯較清爽的風味。但另一方面，也需要注意注水的方式。萃取的速度會根據注水速度、注水量而產生些微變化，進而讓咖啡風味有微妙的變化。不過如果能記住注水方式的訣竅，就能自由地控制風味，帶出多采多姿的美味。

另外，為了進一步提升美味，選擇濾紙也十分重要。Kalita的濾紙孔洞較細，能封鎖咖啡的雜味，只突出咖啡原有的美味。和三孔濾杯可說是絕配。推薦一併使用。

Kalita式濾杯的基本沖泡方式

準備好工具

首先就從濾紙和咖啡濾杯開始準備。濾紙使用梯形濾杯用濾紙。

設置好濾紙

將濾紙的側面與底部的兩個接縫處摺起，設置於濾杯內。

放入咖啡粉

在濾紙中放入所需杯數的咖啡粉。每杯的建議量為10g。

將咖啡粉整平

輕敲咖啡濾杯的邊緣，並輕輕搖晃，將咖啡粉表面整平。

從正中央注入熱水

將煮沸後的熱水（92℃）從距離咖啡粉2～3cm處注入正中央，用劃圓的方式將咖啡粉充分淋濕。

悶蒸咖啡粉

用熱水將咖啡粉沖濕後，稍微靜置悶蒸。悶蒸時間建議為10～50秒。杯數越多時蒸越久。

第二次注入熱水

第二次注入熱水時從中心向外側劃圓，至接近濾紙處再折回，由外向內劃圓回到中心。

注入到必要的水量就停下

重複7的步驟，注水到咖啡分量達到所需杯數。請小心不要一口氣就將水倒到快滿到濾紙邊緣。

拿開濾紙

萃取必要的量之後，就馬上將濾紙拿開。為了不讓雜味混入其中，最好在濾杯內尚有熱水的狀態下就拿起。

注水次數建議3～5次，多於此次數則要考量調整濃度

咖啡豆的烘焙度、研磨度也要講究。咖啡豆的研磨度，先選擇中焙或深焙咖啡豆準沒錯。最適合用來搭配的研磨度就是中粗研磨了。這個研磨度甚至還被稱為「Kalita研磨」。咖啡粉的份量建議1杯為10g。

放好濾紙之後，就倒入咖啡粉，並將咖啡粉表面整平至光滑無顆粒。輕敲濾杯，或輕搖濾杯也可以。

注水的方式首先要從「悶蒸」開始。還請留意不要讓咖啡萃取液滴到咖啡壺中，小心地從咖啡粉的正中央注入熱水，悶蒸10～50秒後，再正式注入熱水。溫度以92℃為佳。注水次數建議3～5次。

Kalita濾杯只要3次就能將成分全數萃取出。因此，如果要再注入第4次水，就請意識到這是用來調整濃度了。

第2次之後注入熱水時，要「由中心向外側劃圓」。注入到濾紙附近時就要折返，劃圓回到中心。像這樣重複相同步驟數次，萃取出必要的杯數後，就立刻將濾杯拿開。如果動作太慢的話，有可能連咖啡的雜味都萃取出來，還請小心。

用單一濾孔萃取出
豐富濃醇感

如果要泡出咖啡的濃醇感 Melitta濾杯最為合適！

Melitta

香氣濾杯

AF-M 1×2

尺寸●高135×寬117×深94mm
重量●92g 人數●2～4人用

不需要高深的滴濾技巧！

濾杯上較小的單一濾孔能控制適合的量與時間，初學者也能泡得出美味的咖啡。因為萃取時間精確，不易產生變化，所以總是能享受到適合自己的咖啡。

不管是誰都能
泡出美味咖啡

用中研磨咖啡粉

顆粒粗細介於粗粒砂糖和精緻細砂糖間的「中研磨」咖啡粉適合用於Melitta式濾杯。

能萃取得較濃郁

Melitta式濾杯中只有一個小濾孔，萃取時間會拉長而能泡得較濃。

TOP

濾孔的位置比一般的Melitta濾杯高，悶蒸時間會拉長，能帶出深層的香氣。

有一個位置
較高的濾孔

直條狀溝槽

內側有設計得較深的溝槽，透過此溝槽能精確地控制萃取速度。

SIDE

味道和香氣會在口中柔和地擴散開來。也有極佳平衡。

Cafe's Kitchen
學園長
富田佐奈榮女士

其他的Melitta式濾杯

Melitta式濾杯都是單一濾孔，材質則有各式各樣

Melita式濾杯不只有香氣濾杯，還有標準型與較大尺寸的型號，皆能發揮各自的特性。

Melitta
咖啡濾杯
SF-M 1×2

Melitta式濾杯的標準型。和香氣濾杯一樣採用AS樹脂製成，易於使用且不易損壞。

Melitta
咖啡濾杯
SF-PP 1×6

大型的單孔濾杯。擁有約900cc的大容量。底座下方較短，所以能將咖啡壺的咖啡沖泡至較滿處。

Melitta式濾杯的風味特色

風味指標
（5階段評鑑）

苦味與醇度明顯的濃郁派

光是將咖啡泡得濃一些，就能泡出充分強調苦味與醇度的味道。推薦給講究苦味與純度的濃郁派。

濃厚的風味

活用單一濾孔的特性 萃取出有濃醇感的咖啡

Melitta式濾杯的特徵就是單一濾孔構造。德國咖啡器具製造商Melitta於1908年創立，持續進行濾孔相關研究，完成現今單一濾孔濾杯的原型。「香氣濾杯AF-M 1×2」也具備了此特徵，且能藉由單一濾孔萃取，在不受注水速度影響的情況下穩定進行滴濾。

此外，Melitta也開發出適用於單一濾孔濾杯的濾紙，所以如果要使用Melitta的濾杯，也應準備好Melitta的濾紙。Melitta的全系列濾紙都採用了稱為「Super Micro Wave」的細網目紙漿。這種濾紙可以排除多餘雜味，帶出豆子的優點而受到好評。

適合Melitta式濾杯的咖啡研磨度為中研磨、中細研磨、細研磨左右。基本上，因為咖啡會萃取得較濃，所以一杯咖啡所需的豆子份量較少，只要8g即可。將濾紙設置於咖啡杯，側面與底部要摺往不同方向。

Melitta式濾杯的基本沖泡方式

準備好工具

首先就從濾紙和咖啡濾杯開始準備。濾紙使用梯形濾杯用濾紙。

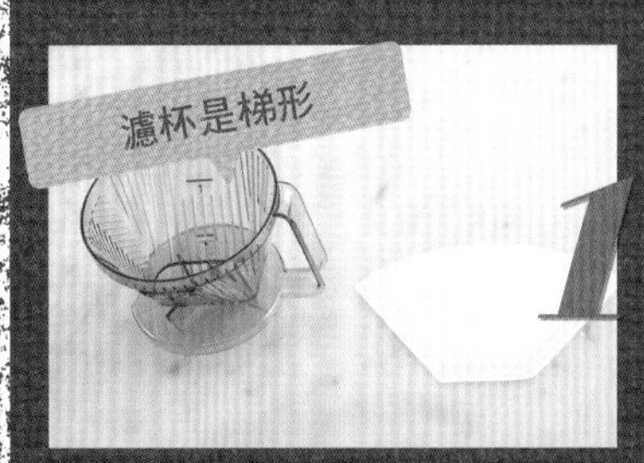

設置好濾紙

將濾紙的側面與底部的兩個接縫處摺往不同方向，設置於濾杯內。

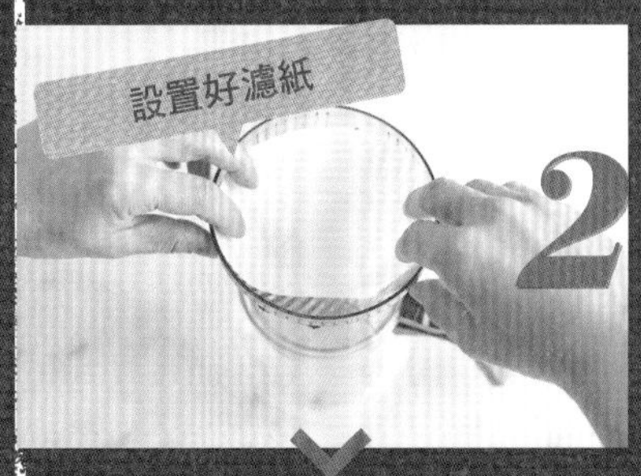

放入咖啡粉

在濾紙中放入所需杯數的咖啡粉。每杯的建議量為8g。

將咖啡粉整平

輕敲咖啡濾杯的邊緣，並輕輕搖晃，將咖啡粉表面整平。

從正中央注入熱水

將煮沸後的熱水（92℃）從距離咖啡粉2～3cm處注入正中央，用劃圓的方式將咖啡粉充分淋濕。

悶蒸咖啡粉

用熱水將咖啡粉沖濕後，稍微靜置悶蒸。悶蒸時間建議為10～50秒。杯數越多時蒸越久。

第二次注入熱水

第二次注入熱水時從中心向外側劃圓，至接近濾紙處再折回，由外向內劃圓回到中心。

注入到必要的水量就停下

不需要那麼注意注水速度和時機，可以一口氣注入必要的水量。Melitta濾杯就是這樣也能泡出美味咖啡。

拿開濾紙

待咖啡壺內累積了所需杯數的咖啡後，就請馬上將濾紙拿開。這樣美味的咖啡就完成了。

美味的咖啡完成！

無需技巧也能沖泡出美味的咖啡

一般手沖咖啡的情況，注水的速度會影響到咖啡的風味變化。雖然只要控制速度就能帶出多采多姿的風味，但對初學者來說卻很難，已經屬於進階技巧。能解決這個問題，就是Melitta的單孔濾杯了。較小的單一濾孔可以控制合適的水量和時間。不管用什麼樣的速度注水，都能穩定地帶出喜歡的豆子的優點。

雖然Melitta式濾杯的注水方式比較不需技巧，但一開始因為要悶蒸咖啡粉，務必加水到咖啡粉整體都濕潤。溫度則是約92℃。待咖啡粉充分膨脹後，再一次加水到所需的杯數份量。此時，要以細口壺從中心如劃圓般平穩地注入。請注意不要把水澆在濾紙的邊緣上。萃取出所需杯數的份量後，將濾紙拿開，美味的咖啡即完成。

像這樣，無須像其他濾杯一樣分成好幾次注水，只要一口氣注入熱水即可，這就是Melitta式濾杯的特徵。拜單一濾孔所賜，能常保精確的萃取時間，泡出穩定的風味，對初學者來說是一大優點。

沖泡出醇厚的風味

Hario式濾杯能沖泡出法蘭絨濾布般有深度的風味

Hario

V60圓錐濾杯 02透明

尺寸●高102×寬137×深116mm
重量●110g 人數●2～4人用

如同法蘭絨濾布的深度風味

只靠注水方式讓味道產生細膩變化，用雜味較少的中研磨咖啡粉便能追求咖啡原有的美味。

能細膩地控制風味

在國外也開始成為標準配備的Hario式濾杯。特徵是圓錐形加上中央一個較大的濾孔，以及被稱為「螺旋形溝槽」的漩渦狀傾斜溝槽。這個構造能細膩地控制風味。

圓錐形的形狀會讓熱水流向中心，接觸咖啡粉的時間會拉長，能萃取出更多的咖啡成分。

藉由較大的單一濾孔，更易於以注水速度調整風味。

較大的單一濾孔

直條狀溝槽

SIDE

漩渦狀的溝槽能防止濾紙緊貼濾杯，讓空氣排出，使咖啡粉充分膨脹。

調整注水的速度，就能泡出自己喜歡的味道。

Cafe's Kitchen學園長
富田佐奈榮女士

其他的Hario式濾杯

錐形濾杯大會師

Hario的濾杯系列有各種顏色以及材質上的差異，不過「圓錐形」、「螺旋狀溝槽」、「較大的單一濾孔」是基本上不變的原則。

Hario
V60錐形濾杯
02紅色

和「02透明」是同樣的材質，顏色則是吸引目光的鮮豔紅色。是經營時尚咖啡生活的人想擁有的一項器具。

Hario
V60錐形濾杯
02陶瓷W

以保溫效果較好的陶瓷為素材的濾杯。材料使用日本引以為傲、有著400年歷史的有田燒。由職人一個個手工製作。

Hario式濾杯的風味特色

實現近似法蘭絨濾布的風味

雖然風味會隨著注水方式改變，所以每個分數都是平均值；不過如果能控制注水的速度、泡得很美味，就能產生近似法蘭絨濾布、具有深度的風味。

好好掌握濾杯的特性萃取出自己喜歡的咖啡

Hario式濾杯有三大特徵：首先是呈「圓錐形」，其次是較大的單一濾孔，最後是內側螺旋狀的傾斜溝槽。圓錐形構造會讓熱水流向中心，拉長和咖啡粉接觸時間，充分萃取出咖啡的成分。

此外，濾紙的前端會從較大的單一濾孔中探出，這能讓注入的熱水在不受濾杯限制的狀況下往下滴落，實現更接近法蘭絨濾布的萃取。因為可以藉由注水速度來改變風味，只要抓住訣竅，就能打造出自己喜歡的風味來享用。

最棒的是螺旋溝槽的性能。濾杯內部溝槽一直延伸到上方，能防止濾紙和濾杯緊貼，讓空氣能順暢排出，是能在悶蒸時讓咖啡粉充分膨脹的構造。「V6錐形濾杯 02透明」當然也具備了這三項特徵。

不過，在可以達成各種功能的同時，如果想自由地控制風味，就必須抓住訣竅才行。可以嘗試找出自己喜歡的咖啡豆，追尋自己覺得最佳的風味。

Hario式濾杯的基本沖泡方式

準備好工具

首先就從濾紙和咖啡濾杯開始準備。濾紙使用錐形濾杯用濾紙。

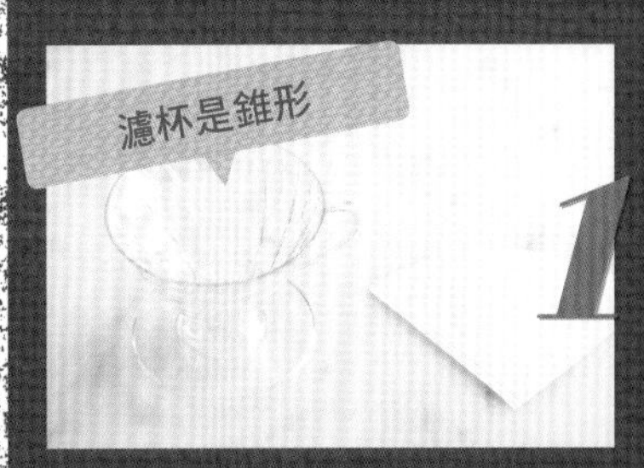

設置好濾紙

將濾紙的側面與底部的兩個接縫處摺起，設置於濾杯內。

放入咖啡粉

在濾紙中放入所需杯數的咖啡粉。每杯的建議量為12g。

將咖啡粉整平

輕敲咖啡濾杯的邊緣，並輕輕搖晃，將咖啡粉表面整平。

從正中央注入熱水

將煮沸後的熱水（92℃）從距離咖啡粉2～3cm處注入正中央，用劃圓的方式將咖啡粉充分淋濕。

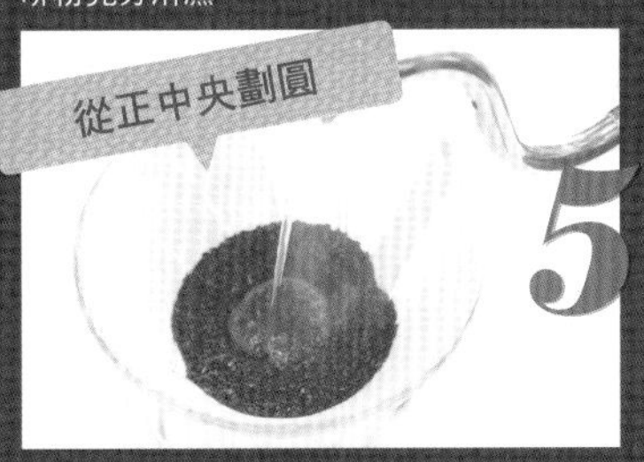

悶蒸咖啡粉

用熱水將咖啡粉沖濕後，稍微靜置悶蒸。悶蒸時間建議為10～50秒。杯數越多時蒸越久。

第二次注入熱水

第二次注入熱水時從中心向外側劃圓，至接近濾紙處再折回，由外向內劃圓回到中心。

注入到必要的水量就停下

到達所需杯數的咖啡量之前都持續劃圓注水。還請注意不要將水淋到濾紙的邊緣上。

拿開濾紙

待咖啡壺內累積了所需杯數的咖啡後，就請馬上將濾紙拿開。這樣美味的咖啡就完成了。

藉由萃取速度的變化來控制喜歡的風味

使用Hario式濾杯時，注水速度會讓風味大大不同。因為只有一個較大的濾孔，熱水通過後不會停留，而是直接滴落；如果注水速度太慢，咖啡就會變淡，反之速度快，味道就會變濃。內部的螺旋狀溝槽也會稍微讓水流速度提升。如果不仔細注水，就會泡出平淡的咖啡，還請留意。

濾紙則應該要準備錐形濾杯專用的濾紙。考量到濾杯的特性，使用Hario式濾杯的濾紙可說是理所當然的事。

放好濾紙後就倒入咖啡粉，輕搖濾杯將咖啡粉整平。接著就是開始注入熱水。首先要進行悶蒸。從正中央將水慢慢注入，待咖啡粉表面九成被浸濕後即可。

悶蒸約30秒後，再次從正中央緩緩地注入熱水。如果一口氣注入熱水，就會泡出平淡無味的咖啡。最好是從中心開始劃圓，緩緩地增加水量，仔細注入。萃取時間建議為3分鐘。達到預定的杯數份量、拿開濾杯後，美味的咖啡即沖泡完成。

KEY COFFEE鑽石濾杯正適合推薦給初學者

泡出清爽好入口的滋味

KEY COFFEE

Noi Crystal濾杯

尺寸●高100×寬122×深115mm
重量●177g 人數●2～4人用

能泡出有良好平衡咖啡的濾杯，果然最適合能泡出良好均衡風味的中研磨。

透過鑽石切割面達到均衡萃取

這種濾杯內部的溝槽（rib）被切割為鑽石狀。藉由上頭的凹凸，濾紙會以360度均衡的狀態與濾杯接觸。這樣較不易萃取出雜質，滴濾時可達到良好平衡。

如同其名，如同水晶（Crystal）般美麗的設計。鑽石切面也會反射美麗的光澤。

濾孔為跟「Hario式濾杯」相同大小的單一濾孔。雖然濾孔較大，但因為萃取液會透過鑽石切面傳導，所以能抑制提取速度，貫徹均衡的萃取。

鑽石狀凹凸

SIDE

注入熱水後，萃取液會從頂端開始沿著鑽石間隔紋路向下流，能恰到好處地調整萃取時間。這是種能確實帶出咖啡豆原有美味的構造。

每次都能穩定地萃取

圓錐形的濾紙和鑽石切割面的凹凸有相乘效果，能調整出最合適的萃取速度。不需特殊技術也能達到均勻萃取，沖泡出美味的咖啡。

KEY COFFEE濾杯的風味特色

風味指標（5階段評鑑）

苦味	酸味	醇度	爽口
4	4	4	4

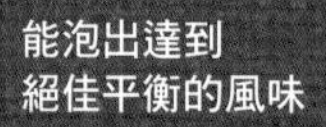

能泡出達到絕佳平衡的風味

苦味、酸味、醇度、爽口度都十分均衡，更不用說圓潤的風味了。藉由鑽石切割面的幫助，能巧妙帶出咖啡豆原有的美味。

能泡出清爽且有著良好平衡的風味

Cafe's Kitchen
學園長
富田佐奈榮女士

咖啡製造商打造美味的祕密

「Noi Crystal濾杯」是咖啡製造商KEY COFFEE獨立開發的產品。這個濾杯最大的特徵就是被稱為鑽石切面的凹凸。鑽石切面的形狀中，其凸起部分是以點集合而成支撐起濾紙，因此能讓濾杯以360度均衡的狀態與濾紙接觸。這不但能不漏一處地均勻接觸，且因為接觸面積減少，能防止萃取出雜質。拜此所賜，可沖泡出濃郁且均勻的咖啡。

另外，鑽石切面也擁有能將萃取時間調節到最適中的功能，就算是初學者也能成功滴濾出美味的咖啡。

除此之外，能巧妙反射光線的鑽石切割面不只外觀美麗，擺在廚房也絕對不會看起來廉價。此外，因為是以強度號稱有強化玻璃150倍的聚碳酸酯製作，所以不易有刮痕也不易碎裂。

如同上述，Crystal濾杯上下了許多功夫。可以說，正因為KEY COFFEE在咖啡製造上盡心盡力，才能開發出這樣的濾杯。

KEY COFFEE 鑽石濾杯的基本沖泡方式

準備好工具

首先就從濾紙和咖啡濾杯開始準備。濾紙使用錐形濾杯用濾紙。

設置好濾紙

將濾紙的側面接縫處摺起，設置於濾杯內。

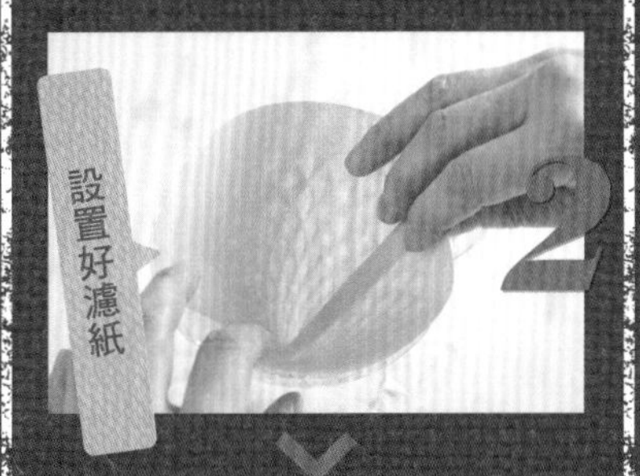

放入咖啡粉

在濾紙中放入所需杯數的咖啡粉。每杯的建議量為10g。

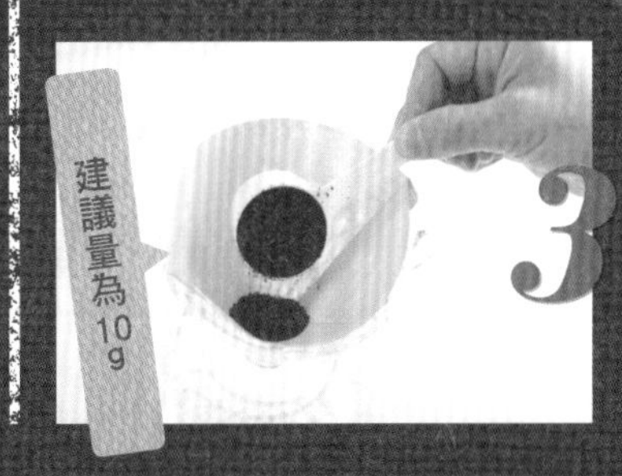

將咖啡粉整平

輕敲咖啡濾杯的邊緣，並輕輕搖晃，將咖啡粉表面整平。

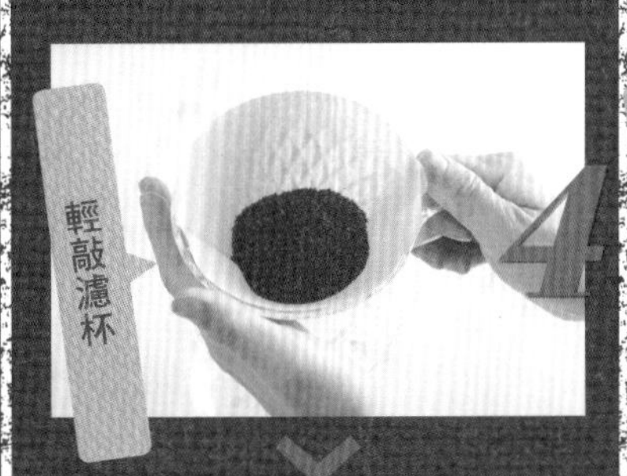

從正中央注入熱水

將煮沸後的熱水（92℃）從距離咖啡粉2～3cm處注入正中央，用劃圓的方式將咖啡粉充分淋濕。

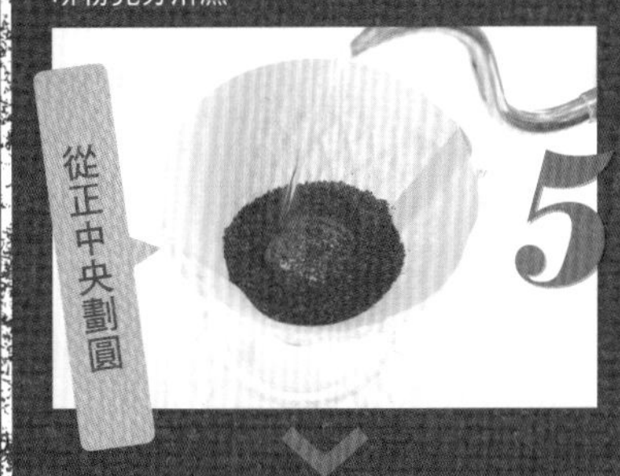

悶蒸咖啡粉

用熱水將咖啡粉沖濕後，稍微靜置悶蒸。悶蒸時間建議為10～50秒。杯數越多時蒸越久。

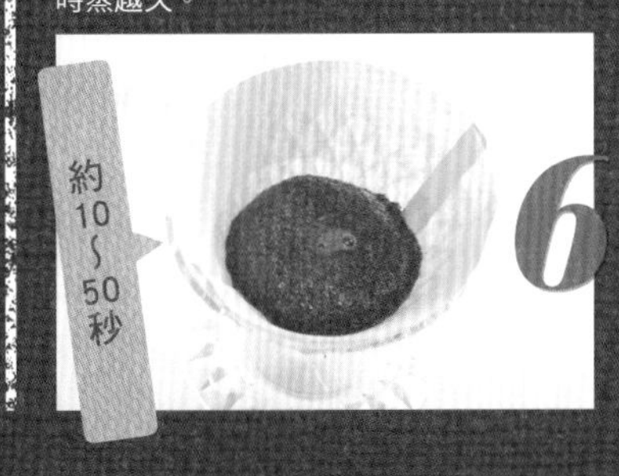

第二次注入熱水

第二次注入熱水時從中心向外側劃圓，至接近濾紙處再折回，由外向內劃圓回到中心。

注入到必要的水量就停下

到達所需杯數的咖啡量之前都持續劃圓注水。還請注意不要將水淋到濾紙的邊緣上。

拿開濾紙

待咖啡壺內累積了所需杯數的咖啡後，就請馬上將濾紙拿開。這樣美味的咖啡就完成了。

不需要特殊技巧 也能輕易沖泡出美味咖啡

Crystal濾杯正是為了不需要特別技巧，也能沖泡出美味的咖啡而開發，因此沖泡方式實際上也相當簡單。

不過，這個濾杯建議還是要搭配正統的KEY COFFEE錐形濾紙使用。萬一不小心倒入較多熱水，濾紙還能因為本身的薄度及網目而恰到好處地在濾杯內側的鑽石凹凸上延展開來，自動調整萃取時間和濃度，所以這兩者可說是絕配。

沖泡方式極為簡單。只要先用熱水將器具和杯子溫熱，再將錐形濾紙的側面摺起，設置於濾杯內即可。將咖啡粉整平後，將煮沸的熱水靜置片刻後注入其中，進行悶蒸。待咖啡粉充分膨脹後，分數次將熱水注入。此時的重點是，注入時要緩緩地從中央開始劃圓。

以上步驟都完成後，鑽石切面就會萃取出美味的咖啡。接著，待咖啡壺中的咖啡累積倒所需的份量後，再拿掉濾杯並將咖啡倒入咖啡杯中即可。只要以這種普通的方式沖泡，就能泡出風味有著良好平衡的咖啡。這正是Crystal濾杯的優點所在。

能以均衡濃度進行萃取、像藝術品般的CHEMEX手沖咖啡濾壺

毫無雜味的爽口風味

最適合使用風味均勻的中研磨～中粗研磨咖啡粉。還請務必使用你喜歡的手搖磨豆機體驗看看磨豆的樂趣。

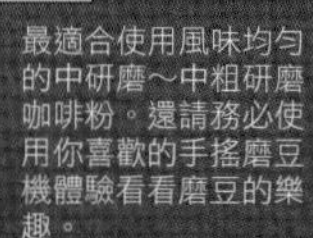

CHEMEX

手沖咖啡濾壺3件組

尺寸●底寬10.5×高21.5cm　重量●400g
人數●1～3人

獲得MoMA認可的優秀設計

以簡約又能打動人心的設計受到世人喜愛，是大受歡迎的型號。它在1941年誕生的三年後，即被列為MoMA（紐約當代藝術館）的永久館藏，且受到諸多設計師等講究造型美感的愛好者歡迎。

手洗不到的地方也能洗

REDECKER
奶瓶刷

這種咖啡壺的構造不易以一般海綿洗淨。如果有右圖所示的刷子等工具，就會很方便。

美觀又不占位置，最適合當作禮物

Cafe's Kitchen學園長
富田佐奈榮女士

DETAIL1

瓶子有曲線的部分是以天然木材製成的手把。握住此處就能在不覺得燙的情況下倒咖啡。

天然木製手把

DETAIL2

像是燒瓶和漏斗般的復古質樸外形，也十分適合做為室內擺飾。

美麗的玻璃形狀

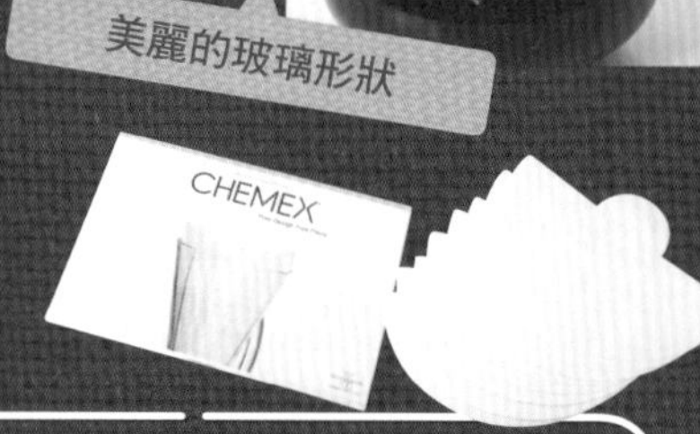

多一道「功夫」也很有趣！

萃取咖啡時並非使用一般濾紙，而是使用半圓形的專用濾紙。還不習慣的人可能會覺得比較費工夫，但這道作業其實也很有趣。

來學CHEMEX專用濾紙的摺法吧！

1 濾紙為大半圓加上一個小圓的特殊形狀。

2 將大半圓朝橫向摺成對半。

3 小圓摺向下方。

4 將較大的半圓再對摺一次。

5 將摺好的濾紙放入濾壺中。

誕生於實驗室，令世人驚嘆的產品

這個形狀像是三角燒瓶與漏斗的組合，相當有特色的咖啡濾壺，是自1941年誕生以來，受到世人喜愛超過半世紀的逸品。

發想出這個咖啡壺的是生於德國的美裔化學家，彼得．J．施倫博姆（Peter J. Schlumbohm）博士。據說是為了在實驗室裡泡咖啡，才用燒瓶取代咖啡壺。順道一提，也有一個說法是：這並不是博士突發奇想才製作出的東西，而是因為當時德國的化學家們嫌麻煩，才會在平常使用實驗室就有的燒瓶、漏斗及濾紙等器具來泡咖啡。

1931年，博士前往美國並取得多項專利，Chemex正是當時開發的咖啡器具。彼得．J．施倫博姆博士將簡單的工具加以改良，創下劃時代的成功，可說是一位極為出色的創意家。在忙碌的日常中用Chemex慢慢沖泡咖啡，一邊放鬆身心、一邊想像德國充滿活力的實驗室也不錯。

CHEMEX手沖咖啡濾壺的基本沖泡方式

準備好專用濾紙

將手沖咖啡濾壺的專用濾紙摺成圓錐形，準備進行滴濾。

設置好濾紙

將摺好的濾紙設置於濾杯內。

放入咖啡粉

在濾紙中放入所需杯數的咖啡粉。每杯的建議量為13g。一次可沖泡出1～3杯份

將咖啡粉整平

輕敲咖啡壺的邊緣，將咖啡粉整平。因為是玻璃製品，還請輕柔對待。

從正中央注入熱水

將煮沸後的熱水（92℃）從正中央注入，用劃圓的方式將咖啡粉充分淋濕。

悶蒸咖啡粉

稍微靜置悶蒸。悶蒸時間建議為10～50秒（杯數越多時蒸越久）。

第二次注入熱水

第二次注入熱水時從中心向外側劃圓，至接近濾紙處再折回，由外向內劃圓回到中心。

注入到必要的水量就停下

持續劃圓注水，達到所需杯數的份量後就停止注水。

拿開濾紙

待咖啡壺內累積了所需杯數的咖啡後，將濾紙拿開即完成。

經過化學計算、有特色的形狀

CHEMEX咖啡濾壺的魅力正在於其獨特的形狀。簡約且打動人心的風格，不但怎麼看都看不膩，天然木製的手把還會隨著使用的時間越久而越顯顏色。

據說，活躍於二十世紀中期的設計師夫妻檔查爾斯．伊姆斯（Charles Eames）與瑞伊．伊姆斯（Ray Eames），以及世界聞名的日本設計師柳宗理等人都十分愛用此濾壺。正因為設計上省去許多不必要之處，充滿機能性美感，才能為講究造型的人所接受。

順道一提，濾杯部分的形狀與專用濾紙會對咖啡的風味帶來偌大影響。因為是將高強度紙張製成的濾紙摺成漏斗狀，所以在化學層面也是最佳的濾紙形狀。藉此可將咖啡中造成雜味的味道成分和多餘的油脂濾除，帶出醇度與鮮味。另外，因為咖啡是集中從一點滴落，所以也有不易萃取出成分中雜質的效果。

獨特的形狀不只看起來亮眼，也能沖泡出有著爽口又有清爽滋味的咖啡。雖然咖啡濾壺本身跟濾紙價位都較高，但還是希望你能使用看看。

油脂等成分不會被濾除，
而是會通過濾網

咖啡基本功 050 COFFEE BASICS

如果使用金屬濾網就能直接享受咖啡豆的風味

KINTO

咖啡玻璃壺組 600ml

尺寸●底寬12.5×高18×寬15cm　重量●380g
人數●1～4人用

網孔比濾紙粗的金屬濾網，最適合使用粗研磨的咖啡粉。

不需要準備濾紙！

這是採用金屬濾網的免濾紙式咖啡壺。金屬濾網的網孔比濾紙粗，所以能直接享受咖啡豆的風味。不需要準備濾紙也能沖泡咖啡，也是其一大優點。

附有放濾杯的外杯

DETAIL

滴濾完後可直接將濾杯置於所附的外杯中。上頭有刻度，也可以當作咖啡豆的簡易量杯使用，十分方便。

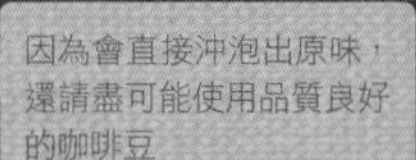

Cafe's Kitchen學園長
富田佐奈榮女士

不同的金屬濾網也有不同風味

Kitclan
不鏽鋼濾網

價格低廉的不鏽鋼。味覺敏銳的人或許能感受到味道的變化。

濾網材質也會有些微影響

比起不鏽鋼製，黃金濾網更不會影響咖啡的風味。不過，因為只有極些微的差異，所以只要選擇合用的製品即可。

Montbell
O.D. Compact
濾杯2

輕量的攜帶式咖啡濾杯。適合用於需要減少行李重量的野外活動。

Cores
黃金濾網
雙層沖泡杯

黃金製品不會影響PH值和風味，因此價格也高上許多。

金屬濾網的風味特色

風味指標
（5階段評鑑）

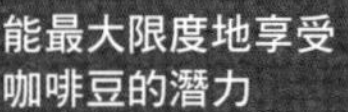

苦味	酸味	醇度	爽口
4	4	3	3

能最大限度地享受咖啡豆的潛力

因為可萃取咖啡豆的原有味道成分與油脂，所以豆子能表現出更濃的苦味、酸味與香氣。因為咖啡豆的品質會直接影響味道，所以還請留意豆子的新鮮度與研磨度。

環保又經濟的金屬濾網有許許多多優點！

手沖咖啡時，令人意外困擾的就是濾紙了。舉例而言，想喝咖啡時，如果沒有濾紙就無法滴濾咖啡，但又會忘了買。或如果買了新的濾杯，之前所使用的濾紙可能會不合用，必須再買其他的才能用。可以解決以上問題的就是金屬濾網了。

有金屬濾網的咖啡壺又稱為「免濾紙式咖啡壺」，其構造是利用金屬或聚乙烯製的濾網來萃取咖啡。因此，沖泡咖啡時並不需要準備濾紙。也不會製造垃圾，相當經濟實惠，如果習慣使用就會很方便。

在風味方面，金屬濾網也和濾紙有極大差異。因為是使用網孔較大的金屬濾網來滴濾，所以會將無法通過濾紙的咖啡豆油脂全數保留。因此，能直接萃取出酸味與苦味，香氣也會變得更加明顯。對想直接享受咖啡豆原有潛力的人而言，是很受歡迎的型號。除了不鏽鋼製，也請務必試試黃金濾網或聚乙烯等其他材質的濾網。

金屬濾網的基本沖泡方式

準備好咖啡豆

金屬濾網的網孔比濾紙或法蘭絨濾布大，所以容易泡出微粉。最建議使用粗研磨的咖啡粉。

放入咖啡粉

在濾紙中放入所需杯數的咖啡粉。每杯的建議量為13g。一次可沖泡出1～4杯份。

將咖啡粉整平

輕敲濾杯的邊緣，將咖啡粉整平。

設置好咖啡壺

將濾杯確實固定於咖啡壺上。依據型號不同，可能會用不同的固定訣竅，還請留意。

從正中央注入熱水

將煮沸後的熱水（95℃）從正中央注入，用劃圓的方式將咖啡粉充分淋濕。

悶蒸咖啡粉

稍微靜置悶蒸。悶蒸時間建議為10～50秒（杯數越多時蒸越久）。

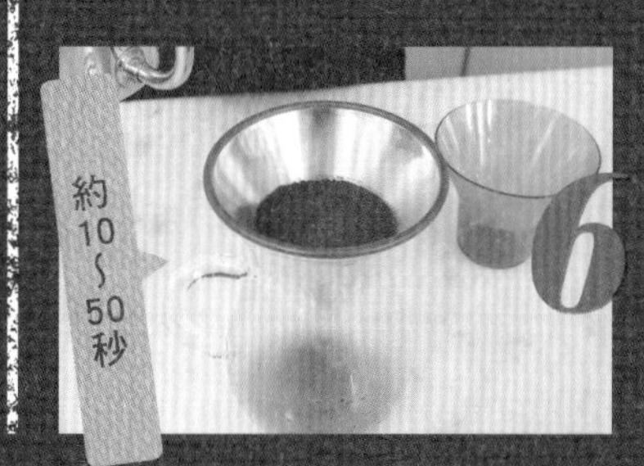

第二次注入熱水

第二次注入熱水時從中心向外側劃圓，至接近濾紙處再折回，由外向內劃圓回到中心。

注入到必要的水量就停下

持續劃圓注水，達到所需杯數的份量後就停止注水。

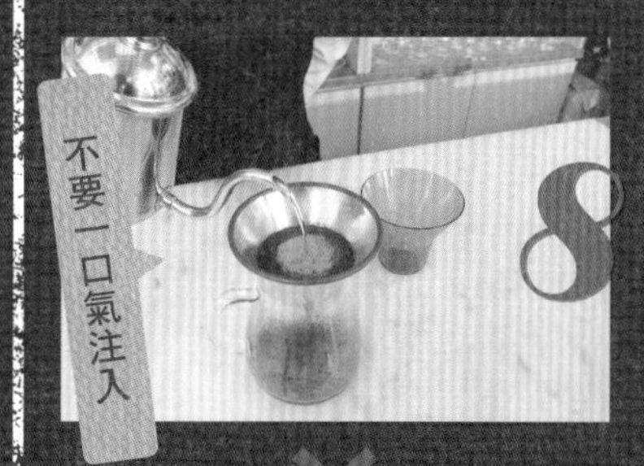

拿開濾杯

待咖啡壺內累積了所需杯數的咖啡後，將濾杯從咖啡壺上拿開即完成。

使用金屬濾網時該注意的訣竅是什麼呢？

滴濾時使用金屬濾網，用起來的感覺和用濾紙差不多；不過為了發揮其具備的性能，先記住幾個訣竅是重點所在。

其中之一便是挑選咖啡粉的方式。金屬濾網的網孔比起濾紙更粗，所以容易滴落咖啡微粉。如果不小心用了細研磨或中研磨的咖啡粉，泡出的咖啡裡就會都是粉且充滿雜味。研磨度選擇粗研磨最佳。

另外，因為能直接萃取出咖啡豆的風味，若使用品質不佳的咖啡豆，滴濾時也就難掩其低品質。還請留意咖啡豆的品質與新鮮度，盡可能使用高品質的咖啡豆。

還有一個重點是金屬濾網上容易殘留粉末，事後清理比較費工夫。如果能準備符合濾杯尺寸的刷子等工具，清理起來也會比較方便。但如果太過暴力地處理，薄薄的濾網可能就會破裂，還請注意。如果能記住以上的重點，應該就能充分享受咖啡的滋味。

較粗的網目能萃取出
更多含有甜味的油脂

如果使用法蘭絨濾布就能泡出醇厚且有深度的風味

專家來帶路
COBI COFFEE
川尻大輔先生
曾任Cafe Obscura培訓師，目前擔任COBI COFFEE品牌經理。

店裡是使用特製的法蘭絨濾布

丸太衣料製的法蘭絨濾布

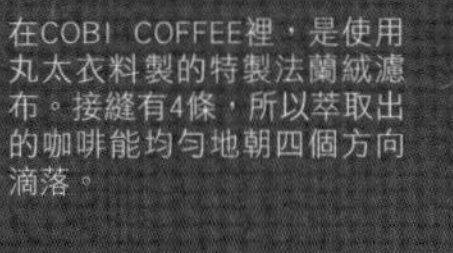

因為是以4塊布縫製，所以能均勻滴落

在COBI COFFEE裡，是使用丸太衣料製的特製法蘭絨濾布。接縫有4條，所以萃取出的咖啡能均勻地朝四個方向滴落。

用中研磨咖啡粉

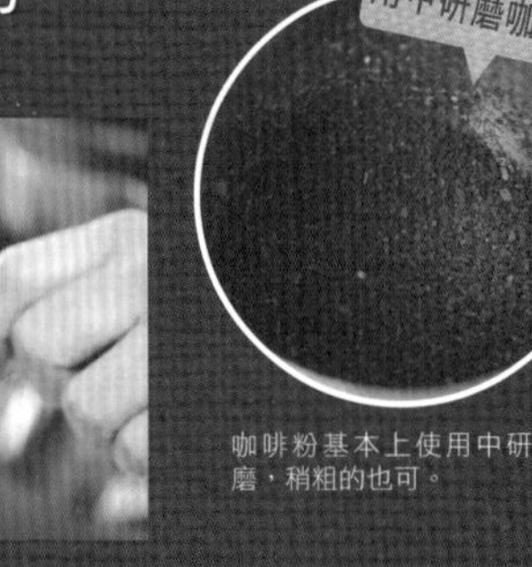

咖啡粉基本上使用中研磨，稍粗的也可。

使用後的濾布要浸泡於水中放入冰箱保存

要將咖啡粉清理乾淨

從過濾器將濾布取下後，以水清洗去除附著於其上的咖啡粉。如果沒有清理乾淨，咖啡油脂會與空氣接觸而氧化，濾布會沾上討厭的味道，為之後泡出的咖啡風味帶來不好的影響。

將附著在濾布上的咖啡粉以自來水沖洗乾淨。稍微用手指出力搓洗，去除油脂。

將濾布浸入加了水的保鮮盒中。然後直接放入冰箱保存。

家庭用的在這裡

Hario

法蘭絨濾布手沖咖啡壺組 3人用

尺寸●寬110×高95×深110mm
重量●400g 人數●3～4人用

可用所附的下壺穩定地進行沖泡

不需要過濾器能集中萃取咖啡

耐熱玻璃製的曲線瓶，加上天然木材製的握把、皮革綁帶，有著十分時尚的設計。濾布和過濾器也有另外販售。

法蘭絨濾布的風味特色

風味指標（5階段評鑑）

苦味	酸味	醇度	爽口
4	3	5	3

有深度的圓潤風味正是法蘭絨濾布特有

除了紮實的咖啡味之外，令人覺得有股甘甜的圓潤風味也是其特徵。被稱為最頂級的萃取方法，有眾多愛好者；因此如果想品嘗有深度的咖啡，就非法蘭絨濾布莫屬。

圓潤的風味

用費心保養的法蘭絨濾布親手泡出憧憬的滋味

如果已經差不多習慣了手沖咖啡，接下來能嘗試挑戰的就是法蘭絨濾布了。雖然跟濾紙比起來保養比較麻煩，但用法蘭絨濾布泡出的圓潤風味極為出眾。因為布的特性，能最大限度地帶出咖啡豆所擁有的鮮味，所以能沖泡出醇厚且有深度的味道。

這裡教我們法蘭絨濾布沖泡方式的是東京青山COBI COFFEE的品牌經理，川尻大輔先生。如果讓萃取的速度加快，味道就會比較清爽；如果萃取速度放慢，則會因為溶入較多油脂，而變成帶有醇度的滑順滋味。可以一定程度地自由控制風味，可說是法蘭絨濾布的特徵。

法蘭絨濾布的基本沖泡方式

用乾布輕裹濾布

將濾布從保存的水中取出，扭乾水分後以乾布等裹起，將90%的水分吸乾。

以手將濾布形狀整好

捏起手指探入濾布中，將其撐起為膨起的狀態。還請不要太用力，也不要接觸太長時間。

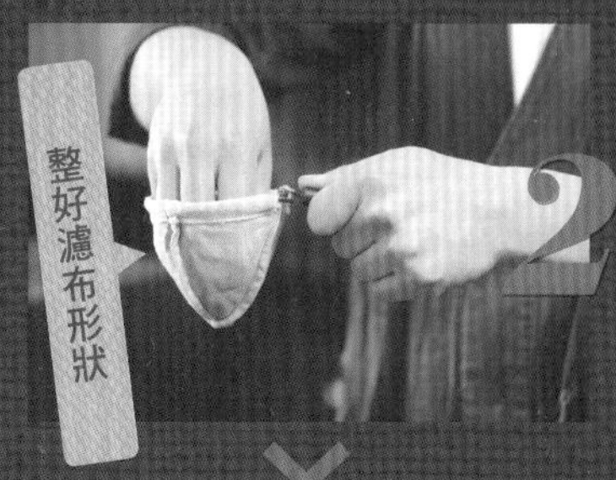

設置於咖啡壺上

在咖啡壺上設置好濾布後，就裝入咖啡粉。一人份的量為16g，研磨度為中研磨～稍粗研磨。

將咖啡粉整平

輕敲濾布末端，先將咖啡粉整平。

準備88～90℃的熱水

準備好88～90℃的熱水。如果溫度提高，苦味會變得相對明顯。如果重視是否好入口，就用80℃左右。

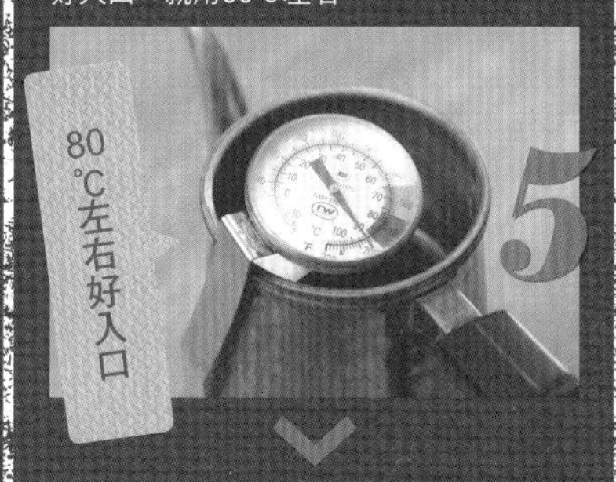

加入25cc的水悶蒸

用咖啡壺將熱水像點滴般逐量滴入。25cc左右大約會花15～20秒滴落。

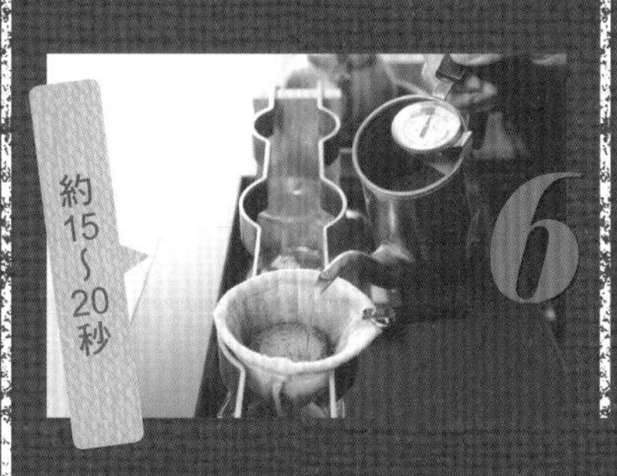

加入40cc的水悶蒸

等待約10秒悶蒸完後，將第一泡的熱水加入。水量比40cc稍少一點。

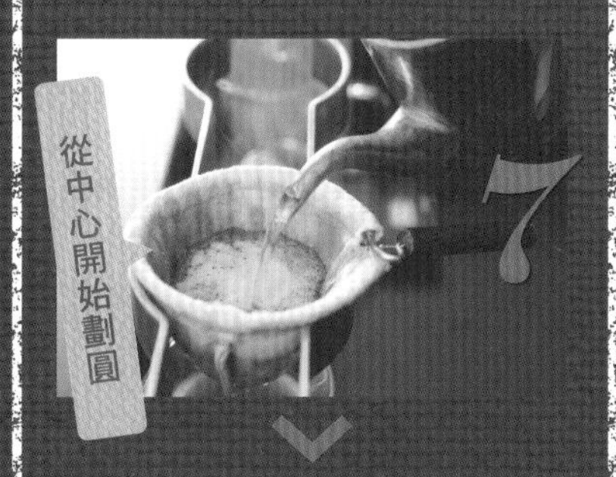

咖啡粉膨脹沉澱後注入第二泡

待咖啡粉膨脹再沉澱後，注入50cc第二泡熱水。再次膨脹、沉澱後，注入60cc第三泡熱水。

趁還沒滴完拿起

為了不泡出雜味，在咖啡滴完之前將法蘭絨濾布提起。深焙的咖啡豆特別容易有雜味，須注意。

移至咖啡杯中

將滴落壺中的咖啡倒入喜歡的咖啡杯中，趁熱享用。

COBI COFFEE所使用的法蘭絨濾布，是丸太衣料的特製商品。一般的法蘭絨濾布是100％棉製，丸太衣料製的濾布則是80％棉加上20％人造纖維。因此布料的網孔較不容易堵塞，即使每天使用也還是能泡出相同味道。此外，一般的濾布是以兩塊布縫合而成，丸太衣料製的濾布則是以四塊布縫合而成，讓從側邊滲出的咖啡更容易沿著接縫等量落下。丸太衣料製的濾布在東急手創館等地方也能買到，喜歡的讀者請查查看吧！

沖泡時的重點在於：確實量測熱水溫度，悶蒸後分三次注入熱水，並在咖啡滴完之前提起濾布。只要參考此沖泡方式，你也可以試著挑戰法蘭絨濾布。

能直接帶出咖啡豆風味 快速進行沖泡的愛樂壓

放咖啡粉，加熱水再壓下
就是這麼簡單

AEROBIE

愛樂壓（AeroPress）咖啡沖泡器

尺寸●寬123×高291×深108mm　重量●476g　人數●1人用

在野外也能輕鬆泡出較濃的咖啡

2000年才開發出的較新萃取方式。愛樂壓有著像是針筒的形狀，是以空氣加壓進行萃取。在野外也能輕鬆泡出像濃縮咖啡一樣較濃的咖啡，萃取時間也很短，易於使用。

咖啡粉使用中研磨～中粗研磨。使用淺焙咖啡豆，更易於泡出美味。

雖然一次只能沖泡一人份，但初學者也能熟練使用

COBI COFFEE
川尻大輔先生

DETAIL1

能分解成七個零件及工具

有著稱為加壓閥的加壓部分，以及用來裝入熱水的泵腔等零件。

使用專用濾紙

也有濾紙專用的濾紙架，易於收納。

DETAIL2

事後清理也很簡單

只殘留少許水分的咖啡渣易於當作廚餘處理

因為熱水會被空氣壓力一口氣抽掉，所以剩下的咖啡渣幾乎沒有水分。不但易於從泵腔中取出，也易於和濾紙一起當作廚餘處理。

取下蓋子後，裡面會有咖啡渣。

將泵腔反過來輕敲，倒出中間的咖啡渣。

愛樂壓的風味特色

風味指標（5階段評鑑）

苦味	酸味	醇度	爽口
3	4	4	4

直接呈現出咖啡豆的味道

因為油脂成分會一併被萃取，所以咖啡會乳化而稍微呈現白色。能直接呈現出咖啡豆的成分，也能感受到更加水潤的滋味。若使用新鮮咖啡豆，就能泡出美味無敵的咖啡。

水潤的滋味

能直接萃取出咖啡豆的新鮮和美味

自誕生以來，在全世界博得不少人氣的愛樂壓，其特徵是環氧樹脂製的針筒狀外形。它是透過簡單的構造，利用氣壓將加入咖啡粉的熱水以濾紙加以過濾。其最大的魅力，在於只花1分鐘即可萃取完畢，相當迅速，且初學者也能穩定沖泡出咖啡的滋味。

在本次教我們沖泡方式的COBI COFFEE，愛樂壓也是外帶咖啡的選項之一。因為沖泡速度比法蘭絨濾布更快，據說也有忠實支持者每來必點。將衣索比亞等地產的配方豆先淺焙，醇度與濃度介於濾紙與法蘭絨濾布之間。用愛樂壓沖泡時須注意的是：不要將放入咖啡粉與熱水的泵腔倒放，以及按壓時不要太過用力，花30秒左右緩緩進行。

雖然乍看之下是很複雜的設計，好像很難泡；但只要習慣後就能控制成自己喜歡的味道。在沒有充足時間的早晨，或不想製造多餘垃圾的野外活動中都十分活躍。因為是相當稀奇的設計，也可以泡給朋友喝來製造話題。

愛樂壓的基本沖泡方式

將泵腔倒置

將稱為泵腔的部分倒置。也有不須倒置的沖泡方式。

裝入咖啡粉

在泵腔中裝入中研磨～中粗研磨的咖啡粉15g。

倒入50cc熱水

在泵腔中注入溫度略低於85℃的熱水。

等待約30秒

就這樣靜置約30秒，對咖啡粉進行悶蒸。

用攪拌棒攪拌3次

用攪拌棒輕輕攪拌3次，將咖啡粉與熱水混合。

追加130cc熱水

追加130cc的熱水。泵腔中總共會加入180cc的熱水。

將濾紙用熱水浸濕

將專用濾紙輕輕以熱水淋濕。這樣子也更容易裝上蓋子。

裝上蓋子

在蓋子上貼上專用濾紙，裝到泵腔上。

將泵腔倒過來

將泵腔倒過來。此步驟要迅速進行，才不會讓熱水溢出。

置於咖啡杯上

將其置於咖啡杯上，並小心別弄倒。從倒入熱水後到此步驟只花1分鐘時間。

從上方壓下萃取

兩手放於泵腔上方，緩緩用30秒時間壓下加壓閥萃取。

移至咖啡杯中

將萃取出的咖啡倒入咖啡杯中即完成。趁熱享用。

倒入熱水後等待4分鐘
再壓下就完成

不管是誰都能泡出相同風味，也能萃取出油脂的法式濾壓壺

專家來帶路
Paul Bassett
角 繪美子小姐

Paul Bassett新宿的烘焙師兼咖啡師。她會在位於西新宿的店裡沖泡美味的濃縮咖啡或法式濾壓咖啡。

BODUM
KENYA 法式濾壓壺 0.35L

尺寸●寬110×高150×深70mm
重量●235g　人數●1人用

令人引以為傲的簡約設計

玻璃咖啡壺上覆以圓形的外框，設計簡約而時尚。因被較大的外框包覆，所以玻璃壺身不易碎裂，且多少具備保溫效果。容量為0.35L，此外也有0.5L或1L的類型。

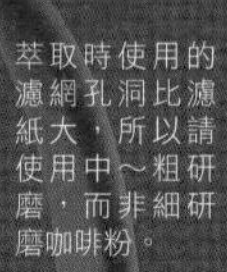

萃取時使用的濾網孔洞比濾紙大，所以請使用中～粗研磨，而非細研磨咖啡粉。

咖啡粉用中～粗研磨

DETAIL

每個月鬆開螺絲清洗一次

每個月鬆開活塞濾網的螺絲清洗一次，確實去除咖啡粉。

法式濾壓壺也分門別類使用

根據容量與用途而有各式各樣的類型

不同的法式濾壓壺也會有不同的特徵跟味道差異。還請根據自己的用途來選擇。

Hario 雙層玻璃濾壓壺

因為有雙層玻璃，所以保溫效果好，等待萃取時溫度也不易下降。使用有溫度的橄欖木製手把，越用越順手。

BODUM 旅行用濾壓壺組

泡好就能直接帶著走、直接喝。飲用口附蓋，蓋好的話就算倒放也不太需要擔心會漏出。

snow peak 鈦合金濾壓壺 3杯份

可以直接直火加熱，沖泡出3人份的咖啡。因為是堅固的鈦合金製，在野外能享受帶有狂野風格的咖啡。

法式濾壓壺的風味特色

風味指標（5階段評鑑）

苦味	酸味	醇度	爽口
4	4	3	3

苦味和酸味都會相對較濃

法式濾壓壺可以直接萃取出咖啡豆的鮮味。不過，如果使用品質欠佳的咖啡豆，也會直接泡出品質欠佳的味道，還請留意。

直接的咖啡豆鮮味

只要加入熱水後稍待片刻就能完成道地的咖啡！

玻璃咖啡壺和附有活塞濾網組合而成的法式濾壓壺，只需要中～粗研磨的咖啡粉、熱水和4分鐘的等待時間即可完成咖啡。用它可萃取出咖啡原有的鮮味，沖泡出道地的咖啡，近年粉絲增加不少。如果可以將相同咖啡豆不只用手沖，也用法式濾壓壺沖泡看看，享受其相異之處，一定能有新發現。

如果能有一個法式濾壓壺隨行杯，在工作之餘想喝一杯道地咖啡時就能馬上沖泡，這點也很有魅力。而且還能輕鬆地當場品嘗到香氣明顯的極品咖啡。在法式濾壓杯器具中，也有可攜帶式的隨行杯類型濾壓壺；以及不管是在自家沖泡或在車上飲用，只要有咖啡粉和熱水，就能當場沖泡出道地咖啡的可攜帶型濾壓壺，種類齊全也是其特徵。不需要在匆忙的早晨花時間用濾紙滴濾，只要放入咖啡粉和熱水，就能省下前置時間，這點也令人開心。

在這次教我們法式濾壓咖啡沖泡方式的Paul Bassett新宿中，除了濃縮豐富香氣與咖啡，也提供濾紙滴濾咖啡以及法式濾壓咖啡。該店員工角繪美子小姐表示，法式

法式濾壓壺的基本沖泡方式

量好咖啡豆的量

確實量好中～粗研磨的咖啡豆17.5g，完成準備。

裝入咖啡粉

取下濾壓壺的活塞濾網，在裡頭裝入咖啡粉。

倒入270cc熱水

將咖啡粉整平後，注入270cc溫度為93～95℃的熱水。

由上到下大幅度攪拌

因為咖啡粉會浮到熱水上方，所以還請以攪拌棒攪拌，讓咖啡粉落到底下。

裝上蓋子

輕輕攪拌後，裝上蓋子。濾網則保持在原位，先不要向下壓。

靜置4分鐘

以計時器確實計時4分鐘。時間太長的話會泡出雜味，還請注意。

從上方壓下活塞

拿住活塞，緩緩往下壓。

將活塞壓到最底

注意別讓咖啡粉跑到濾網之上，盡可能水平下壓。

移至咖啡杯中

無須取下蓋子，直接從壺口將咖啡倒入杯中。趁熱享用。

濾壓咖啡的特徵是初學者也能輕鬆、輕易地沖泡，希望大家盡可能使用高品質的咖啡豆進行。雖然咖啡表面會因浮有咖啡脂而呈現稍微混濁的顏色，但那層油脂正是咖啡豐富香氣與味道的來源。

沖泡時要注意的一點是：在玻璃壺中放入咖啡粉後，要去除微粉；以及最後壓下活塞時，還請保持水平下壓。如此就能在不殘留微粉與苦澀味的狀態下，盡情享受高品質咖啡豆的美味。萃取出咖啡後，還請儘快將殘留的咖啡粉丟掉，並清洗濾網。可將溫水倒入打開的玻璃壺中上下搖晃清洗。

Point

留下少許萃取液

底部的液體容易充滿粉末，所以最好留下少許液體在壺底。

風味強烈且有濃醇感的濃縮咖啡 只要用專用咖啡機就能輕易萃取

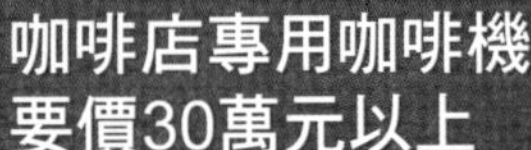

咖啡店專用咖啡機 要價30萬元以上

這次採訪的COBI COFFEE和Paul Bassett所設置的業務用咖啡機，皆要價30萬元以上。易於連續使用，打發奶泡的功能也很優秀。

家庭用的在這裡 >

附有咖啡粉專用把手與咖啡壺專用把手。

附有雙層結構的蒸氣噴管，也能製作蒸氣牛奶。另外，也能拆下水洗。

De'Longhi

ECO310B

尺寸●寬265×高325×深290mm
重量●4kg　人數●1人用

在家中也能沖泡出有濃郁香氣的濃縮咖啡

吸引目光的曲線美與光澤感，以及優雅的設計。頂板上能倒放三個左右的咖啡杯，同時幫你將咖啡杯預熱。

濃縮咖啡的風味特色

風味指標
（5階段評鑑）

苦味	酸味	醇度	爽口
5	4	5	4

能濃縮鮮味，達到良好平衡

雖然濃縮咖啡給人又濃又苦的印象，但能在醇度、苦味、酸味等風味之間取得平衡。如果加入砂糖就能增添甜味，能享受各種不同風味達成的平衡感所帶來的美味。

我家就是咖啡館 萃取一杯濃縮鮮味的咖啡

近年來的咖啡館菜單上不只有滴濾咖啡，濃縮咖啡、拿鐵、卡布奇諾也成了必備選項，能看見美麗咖啡拉花的機會也越來越多。伴隨而來的，是想在家泡出濃縮咖啡的人也增加了。不過，能同時萃取數杯咖啡的業務用咖啡機雖然功能強大，但至少要價30萬元以上，還得使用200V的電源，門檻十分高。

雖然家用濃縮咖啡機的威力不比業務用咖啡機，難以連續使用，但只要1萬多元就能輕鬆購入，品嘗到想喝的咖啡。沖泡方式雖然和業務用咖啡機有所不同，但向COBI COFFEE和Paul Bassett請教了訣竅。共通的一點訣竅是：裝上咖啡粉時要保持水平。如果傾斜的話，就無法達成良好的萃取。此外，還請用手指將突起的粉末抹去。如果咖啡粉崩解，就再次整平壓實。濃縮咖啡會在雜味成分溶出前就萃取完畢，因此能濃縮鮮味成分。享受一杯像是咖啡館咖啡般浮著脂層，將醇度、深度及份量濃縮其中的咖啡吧！

COBI COFFEE的濃縮咖啡機沖泡方式

裝入咖啡粉

將咖啡豆細研磨，放入濾槽（業務用咖啡機的濾網把手）中。

咖啡粉用細研磨

量好咖啡粉

這邊所使用的咖啡粉為19.5g。一般咖啡店所使用的份量介於15～22.5g之間。

這次用19.5g

整平咖啡粉（leveling）

用手指抹去多餘的咖啡粉，中央部分則讓它稍微隆起。

抹去多餘咖啡粉

握緊填壓器（tamper）

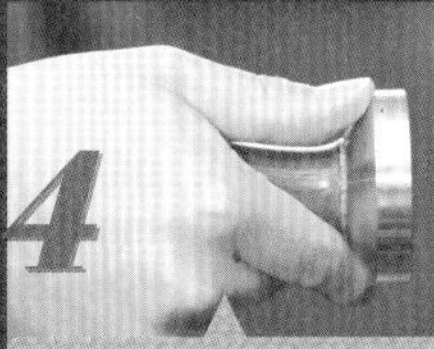

用拇指固定填壓器上方，食指固定下方，將填壓器握緊。

固定填壓器上下

將咖啡粉壓平壓實

將手肘水平抬起，將填壓器放入濾槽中。出適當的力，將濾槽裡的咖啡粉下壓。

手肘水平抬起

抹去濾槽周圍的咖啡粉

沾附在濾槽周圍的咖啡粉，可用手指抹去。

用指尖抹掉

安裝至咖啡機

將濾槽把手裝到咖啡機上，轉緊至確實固定為止。

注意別讓它鬆脫

打開開關萃取

打開開關萃取濃縮咖啡。啟動15～35秒後，就能萃取出20～35cc。

花15～35秒

如果把咖啡粉整平後不小心又散開的話，還請重來一次。

將咖啡粉整平

將咖啡粉放入濾槽中，用填壓器壓實時，讓表面呈現水平是重點之一。

Paul Bassett的濃縮咖啡機沖泡方式

裝入咖啡粉

在濾網把手中裝入細研磨、中～深焙的咖啡粉。這次的用量是24g。

這次用24g

用填壓器筆直下壓

握好填壓器，一開始先讓咖啡粉表面整至滑順，再有意識地整平。

一開始要輕柔

用填壓器再壓一次

再用一次填壓器將咖啡粉壓實。此時要在咖啡粉表面平均施力，用一種像是研磨般的感覺壓。

第二次要壓實

裝上機器後開始萃取

小心別讓粉槽中的咖啡粉崩解，迅速裝到濃縮咖啡機上。

迅速裝到機器上

濃縮咖啡完成

打開開關萃取濃縮咖啡。

享受現萃咖啡

請輕輕攪拌液體，一邊享受咖啡的香氣和味道，一邊品嘗。

共享味道和咖啡粉用量資訊

能萃取濃縮咖啡的只有取得資格的咖啡師。每天咖啡師們都會相互確認味道和咖啡粉用量。

熱水往上升變成咖啡，
再往下滴落的過程很有趣

令人有如同做實驗般的興奮感，香氣豐富的虹吸咖啡

Hario

TCA-2 經典虹吸咖啡壺

尺寸●寬160×高320×深95mm
重量●750g　人數●2人用

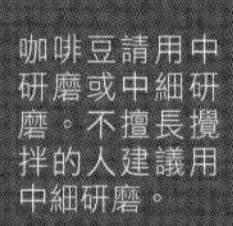

專家也愛用的虹吸咖啡壺

「TCA」系列分為2、3、5人用，並附有酒精燈。漏斗（上壺）和燒瓶（下壺）也有單獨販售，如果不小心打破也能買新的替換。不只能使用濾布，也有可以使用濾紙的類型。

虹吸壺濾布的安裝方式

濾布要充分煮沸

第一次使用濾布時，一定要將濾布裝到過濾片上確實煮沸，做好事前準備。

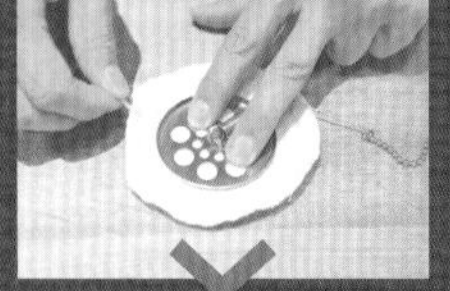

在濾布上方放上過濾片

濾布的上方，放上金屬製的過濾器。

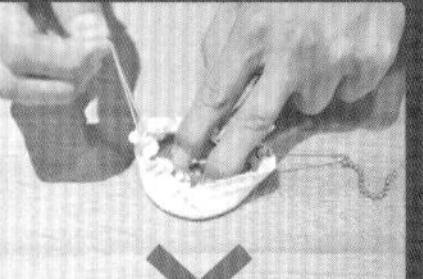

將線拉緊，把過濾片包起來

拉緊濾布末端附著的線，把過濾片包起來。

打結後剪掉多餘的線

用濾布將過濾片包好打結後，剪掉多餘的線。

專家來帶路
丸山咖啡
中山吉伸先生
丸山咖啡品牌經理兼咖啡師。2015年世界虹吸咖啡大賽亞軍。

咖啡粉用中～中細研磨

咖啡豆請用中研磨或中細研磨。不擅長攪拌的人建議用中細研磨。

虹吸咖啡的風味特色

能享受到有著豐富香氣的咖啡

香氣份量十足，能感受到豐富的香氣飄散在四周。以高溫短時間萃取的虹吸咖啡香氣濃，且滋味暢快。待咖啡沖泡後經過7～8分鐘，溫度降到65℃時，就是達到最佳風味平衡的時候。

風味指標（5階段評鑑）

苦味	酸味	醇度	爽口
4	4	3	3

香氣馥郁

不只有味道，香氣和外觀也十分令人享受

使用如同科學實驗器具般的漏斗與燒杯，讓熱水往上湧起，萃取出咖啡後再往下滴落，虹吸咖啡正是將這樣的場景攤開在你眼前。不但十分有戲劇效果，也是過去在咖啡館裡常見的咖啡器具。如果能熟練流利的操作，勢必能吸引眾人目光。如果你已經習慣滴濾式咖啡，希望你也能挑戰看看虹吸式咖啡。「TCA」系列雖然是使用濾布，不過也有使用濾紙的「MCA」系列。

丸山咖啡的咖啡師中山先生，曾獲得2013年、2015年世界虹吸咖啡大賽亞軍的榮耀，他表示：虹吸咖啡的魅力，正在於能長時間享受香氣的份量與咖啡的個性。Hario TCA-2附有酒精燈，能透過高溫萃取使得美味變得更立體。這次所使用的加熱爐的火力是400℃，不過火力可以調整，且十分穩定。

如果使用高品質咖啡豆，以虹吸的方式在高溫短時間內萃取，就能帶出毫無雜味的豐富滋味，以及甘甜的餘韻。用這種能純粹帶出咖啡豆味道的方法，就能品嘗到熱呼呼且香氣豐富的咖啡。

虹吸咖啡壺的基本沖泡方式

將過濾片固定在漏斗上

在漏斗（上壺）中放入過濾片，將過濾片的金屬鉤往下拉，使它能固定在玻璃管的下緣。

用攪拌棒調正至中心

如果過濾器偏離中心，就用攪拌棒將其調整靠近漏斗中心的位置。

加入200cc熱水

在燒瓶（下壺）中倒入200cc熱水。如果倒冷水的話需要花很多時間才能煮沸，所以最好直接倒熱水。

開火

將燒瓶設置在加熱爐上方，打開開關。如果使用酒精燈，就把火點著。

將漏斗放進燒瓶裡

將漏斗放進燒瓶裡，沸騰石會接觸到熱水，防止突沸。將橡膠製的前端貼在燒瓶的邊緣，不要讓它完全密合。

在漏斗中放入咖啡粉

當燒瓶中的熱水開始連續冒出1cm左右的泡泡，達到沸騰時，就在漏斗中放入17g咖啡粉，輕輕搖一搖。

沸騰後插入漏斗

將過濾器的橡膠部分確實連接到漏斗上。如此一來，燒瓶中沸騰的熱水就會馬上被吸到上面的漏斗中了。

用攪拌棒將咖啡粉混合

因為被吸到漏斗中的熱水上會浮著咖啡粉。還請用攪拌棒攪拌5～10次，將咖啡粉攪拌均勻。

泡沫、粉末、熱水分層

在漏斗中，可以由上到下看到萃取液漂亮地分為泡沫、粉末、咖啡的萃取液三層。到達這種狀態時，請等待30秒左右。

關火

將加熱爐的開關關閉後稍待一下，等待漏斗中的咖啡滴到燒杯中。不要漏聽了「咕啵」的聲音。

拿開漏斗

拿住漏斗，前後轉開從燒瓶上卸下。

注入咖啡杯

將漏斗立於架上，將燒瓶中的咖啡注入杯中就完成了。

比電動濃縮咖啡機要來得更方便使用

能直火沖泡濃縮咖啡，泡出相當醇度的義式摩卡壺

耐髒又抗鏽，所以沖泡完之後的保養也很輕鬆

Cafe's Kitchen學園長
富田佐奈榮女士

Bialette

Brika 義式摩卡壺

尺寸●寬17×高15.5×深9cm
重量●480g　人數●1～2人用

在野外也能享受濃縮咖啡

隨著「噗咻——！」的聲音萃取出濃縮咖啡

使用特殊的氣閥，能輕易製作出有著濃郁脂層咖啡的濃縮咖啡機。因為尺寸小，搬運也很方便，不但能在家庭中使用，也適合野外活動使用。清洗時切記不能使用清潔劑。

咖啡粉用細研磨

較濃郁的濃縮咖啡，最適合使用細研磨咖啡粉。請選擇烘焙度較深的種類。

充分利用蒸氣壓力的構造

被蒸氣壓力擠壓到上方的熱水會通過裝了咖啡粉的粉槽，萃取出咖啡。

DETAIL1

分成上壺和下壺兩個部分

在下壺部分裝進水之後直火加熱。在瓦斯爐上先架上金屬網等，用起來會比較穩。

DETAIL2

不需要濾紙

因為濾網是金屬製，所以不需要使用濾紙。只要有咖啡粉就好。

義式摩卡壺的風味特色

風味指標（5階段評鑑）

苦味	酸味	醇度	爽口
5	3	4	3

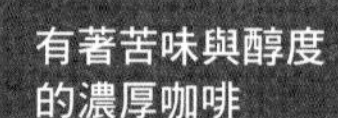

有著苦味與醇度的濃厚咖啡

萃取出的咖啡較濃，醇度和苦味深厚。藉由特殊氣閥以高壓萃取出咖啡的「Brika」摩卡壺，雖然是直火式咖啡壺，但也能泡出如濃縮咖啡機沖泡般的濃厚脂層。

紮實萃取出濃縮咖啡的滋味

在室外也能享用咖啡的直火式濃縮咖啡器具

所謂的濃縮咖啡，就是將經過極細研磨的咖啡粉，以高溫高壓的水蒸氣來萃取的方式。器具則分為使用濃縮咖啡機的機械式，以及使用摩卡壺萃取的直火式。直火式器具的壓力比起機械式相對較低，味道也偏向溫和。雖然也有人為了將直火萃取的咖啡和濃縮咖啡做區別，而將其稱為「摩卡」，不過基本的萃取構造是不變的。

在日本講到濃縮咖啡，通常是指機械式萃取的咖啡，也有很多人的印象就是「去咖啡廳會喝到的東西」。不過在說到咖啡，比起滴濾式咖啡，更多是指濃縮咖啡的正宗義大利，直火式器具也很常見。摩卡壺可說是家戶必備的經典咖啡器具。以Bialetti的「Moka Express」為代表的直火式摩卡壺，價格比咖啡機合理，保養方式也很簡單，這正是它受到歡迎的原因之一。

因為不用插電就能萃取咖啡，可以在露營時圍著營火享用咖啡也是其魅力之一。大小放在車上也不會特別占空間。一邊欣賞壯闊的景色，一邊好好享受濃縮咖啡吧！

義式摩卡壺的基本沖泡方式

拆成3個部分

將摩卡壺拆成上壺、粉槽、下壺共3個部分。

注入冷水

在下壺中注入所需杯數份的冷水。建議量為每杯30cc。

以安全閥為準

用慣之後不特別測量也沒關係。水倒入附於下壺內的安全閥下方為止約為2杯的份量。

在粉槽中放入咖啡粉

準備好所需杯數的咖啡粉，輕輕放入粉槽中。建議量為1杯8g。

裝上粉槽

將裝入咖啡粉的粉槽裝到下壺上。此時還請先將咖啡粉整平。

裝好上壺

在下壺上方裝好上壺。為了不讓蒸氣壓力洩掉，請轉到最緊固定。

開小火

放上摩卡壺後開小火。若使用瓦斯爐的話，雖然也可以直接放在瓦斯爐架上，但如果先鋪上金屬網等，使用時會更穩。

聲音響起就關火

開始萃取後，會有咕嚕咕嚕的聲音。一聽到聲音之後，就馬上關火。

等待萃取

上壺中萃取出的濃縮咖啡累積到足夠量之後，倒入容器中即完成。

享受每次沖煮濃縮咖啡時器具也一同成長的樂趣

雖然直火式濃縮咖啡壺的壓力比機械式的低，但Bialette的「Brika」摩卡壺，是噴嘴前端有著特殊氣閥構造的產品。構造和壓力鍋相同，扮演重要角色的氣閥會將內部的壓力升高，即使是直火式也能獲得很足夠的蒸氣壓力。萃取完之後，也會出現平常直火式器具很難製造出的脂層，能享受濃郁的濃縮咖啡。

直火式濃縮咖啡壺被使用得越久，越會染上咖啡的香氣，萃取出的咖啡味道也會越來越好。長時間使用的話，就能「養」出有專屬風味的器具，這樣的樂趣也是其魅力之一。也有人說，用全新的咖啡壺重複進行數次萃取，經過「磨合」之後再使用會更好。

有一點要注意的是：使用後請不要用清潔劑清洗。如果用清潔劑清洗，清潔劑的味道會染到器具上，這樣原本咖啡的香氣就會白白被浪費掉了。請只在剛買來時用清潔劑清洗一次，之後都只要用清水沖洗就好了。另外，極細研磨的咖啡粉可能會成為堵塞網孔的原因，所以還請用顆粒稍粗一點的細研磨。

只要放入咖啡粉和水後直火加熱就好！在野外也能輕易使用的咖啡滲濾壺

GSI

不鏽鋼 咖啡滲濾壺 3人份

尺寸●高14cm　重量●380g
人數●1～3人用

也可以當作煮熱水的開水壺使用

輕巧且堅固的咖啡器具

不鏽鋼製，尺寸輕巧、方便攜帶。材質本身非常耐用，且構造簡單，不太需要擔心零件會壞掉。咖啡滲濾壺可說是野外使用咖啡器具的第一考量選項。尺寸分為3人份、6人份和9人份三種。

內有粉槽與濾網

DETAIL1

用來裝咖啡粉的粉槽中插有用來讓熱水通過的管子，上方蓋著濾網。

可以透過蓋子檢查濃度

提鈕的蓋子部分是透明的，可用來確認所萃取咖啡的濃度。

咖啡粉用粗研磨

濾網的孔洞較大，較細的咖啡粉容易混入咖啡中。還請使用粗研磨咖啡粉。

等待咖啡粉沉澱到底部

從提鈕的蓋子看見顏色緩緩改變的樣子也很有樂趣

Cafe's Kitchen
學園長
富田佐奈榮女士

訣竅是：萃取完後咖啡粉如果混在咖啡中，就稍微靜置，待咖啡粉沉澱後再注入杯中。

風味指標
（5階段評鑑）

苦味	酸味	醇度	爽口
4	4	4	4

現煮的熱騰騰美式咖啡

和其他萃取方式相比，咖啡滲濾壺沖泡出的咖啡酸味比香氣和苦味明顯，能泡出很美式的咖啡。因為會持續沸騰，所以剛煮好的咖啡溫度也是熱騰騰的。

可以調整成喜歡的濃度

在野外用狂野的方式享受一杯咖啡

咖啡滲濾壺的構造，是讓沸騰的熱水通過粉槽裡的咖啡粉進行萃取。萃取出的咖啡會再次通過粉槽，所以只要持續沸騰，味道就會變得越來越濃。可以調整成自己喜歡的濃度是其特色。

咖啡滲濾壺是在19世紀的法國開發，並普及到舊西部時代的美國。如果是喜歡※西部劇的讀者，應該就會看過牛仔們圍繞著營火，喝著用咖啡滲濾壺煮出的咖啡的場景。其有著滴濾式咖啡或虹吸咖啡所沒有的野性魅力，也有很多人會推薦在露營時使用，體驗一下牛仔般的氣氛。

實際上，咖啡滲濾壺的構造很簡單，所以不容易壞掉，方便保養。也不需要使用濾紙，不只能煮咖啡，也能當作開水壺使用，所以在野外使用也很合理。另外，因為是煮沸後馬上飲用，所以煮好時的溫度也會比滴濾式咖啡來得高。特別是在寒冷的季節露營時，就更能感受極致的風味。以這樣的氣氛來享受更為合適。

※以19世紀美國舊西部時代為背景的電影。

咖啡滲濾壺的基本沖泡方式

拆成3個部分

將滲濾壺拆成水壺、水壺內的粉槽、濾網共3個部分。

注入冷水後開火

注入冷水到水壺內的參考線為止。建議量為每杯咖啡130cc。注好水後就開火煮至沸騰。

在粉槽中放入咖啡粉

等待熱水沸騰的期間，在粉槽中放入所需杯數的咖啡粉。建議量為每杯18g。

將咖啡粉整平

在桌子等乾淨的場所輕敲粉槽的底部，將咖啡粉整平。

裝上濾網

將咖啡粉整平後，就將濾網裝到粉槽上。裝好後就等待壺中的水煮沸。

煮沸後關火

待壺內的水煮沸後，就暫時先關火。如果是在室外使用營火的話，就先將咖啡壺從火上移開到別的地方。

設置好粉槽

將裝好咖啡粉的粉槽裝進壺內。如果是在室外，要小心不要讓灰塵或垃圾掉到水壺裡。

再次開火

蓋上咖啡壺的蓋子，再次開火。此時請將火力調整為小火。如果是用營火，還請注意一下火力。

煮到喜歡的濃度就關火

熱水會湧起至蓋子，顏色也會慢慢變身。到了喜歡的濃度就關火，注入杯中後就完成了。建議時間是3分半。

要沖煮出好喝的咖啡需要習慣與經驗

用咖啡滲濾壺沖泡時，可透過蓋子上的提鈕部分檢查咖啡的顏色，確認到了自己喜歡的濃度後就必須關火，停止萃取。一開始使用時，會覺得要靠顏色來判斷濃度是否剛好很困難，也可能不小心就煮出味道太淡、只有酸味特別明顯的咖啡。

在構造上，沸騰時萃取好的咖啡也會在壺內被持續煮沸，所以比起其他的萃取方式，苦味與香氣一定會容易變得比較淡。另外，因為濾網的孔洞較大，所以如果使用較細的咖啡粉，就容易跟咖啡混在一起，顏色也會變得混濁，或煮出雜味。因此，就必須要使用粗研磨的咖啡粉；不過這也是容易煮出酸味明顯的咖啡的原因之一。另外，如果開大火來煮，或長時間一直放在火上的話，香氣就會散失，還請務必注意。

雖然要沖煮出好喝的咖啡需要習慣和經驗，但靠自己去發現對自己來說剛剛好的濃度時，感動也會加倍。

也能一邊在野外的營地燒著營火，一邊靜靜等待滲濾壺中的咖啡煮到恰好的濃度，度過悠閒的時光。

一口氣冷卻可以保有咖啡的透明度！

美味冰咖啡的訣竅就是以深焙咖啡豆沖泡並急速冷卻

沖泡冰咖啡前的重點

Point 1 選擇較深烘的咖啡豆

冰咖啡要用有苦味的豆子

人類的味覺對越冷的東西，越會感受到強烈的酸味。所以沖泡冰咖啡時，使用苦味較強的深焙咖啡豆，會比酸味與苦味平衡的豆子來得合適。

Point 2 咖啡粉的量要多一點

冰塊會將咖啡稀釋，所以可以萃取得濃一點

萃取後是以冰塊冷卻，所以如果不先泡得濃一點味道就會太淡。比一般的滴濾式沖泡時，每杯再多放6g左右的咖啡粉為佳。

Point 3 使用冰咖啡專用咖啡粉

UCC
GOLD SPECIAL
冰咖啡

味道平衡佳且CP值超高

如果使用冰咖啡專用的混豆咖啡粉，就不用考慮那麼多困難的事情，能沖泡出有著平衡風味的咖啡。因為CP值也很高，所以是常喝冰咖啡愛好者的好朋友。

Point 4 利用專用器具

膳魔師
冰咖啡機 ECI-660

能輕鬆操作，沖泡出最接近咖啡店的道地冰咖啡。就算先泡好放著也能保有美味，這點只有冰咖啡機能做到。

誰都能輕鬆泡出冰咖啡

適量放入喜歡的咖啡粉。建議量為3杯21g，5杯35g。

按照水量計倒入冷水。因為注水口較小，最好使用萃取容器來裝。

將冰塊裝至蓋子蓋得起來的程度。就算沖得較淡也很美味，還請放心。

不需要設定細節，只要按下按鈕就能輕鬆操作！

基本上沖泡方式和滴濾式咖啡相同

雖然現泡冰咖啡在便利商店相當常見，但其實在自家也能用比想像中簡單的方式輕鬆沖泡。在此就先介紹沖泡的訣竅吧！

基本的沖泡方式，和滴濾式咖啡採用相同做法就OK。不過，沖泡冰咖啡時有幾個必須事先記住的重點。

首先，就是要使用烘焙度比較深的豆子。如果使用淺焙的咖啡豆，酸味就會蓋過其他風味，且整體的味道容易變淡。第二點是，咖啡粉要放得多一點，泡得濃一點。因為冰塊會將咖啡稀釋，所以如果用和熱咖啡相同份量的咖啡豆，味道就會變淡。第三點，萃取出的冰咖啡要用冰塊一口氣冷卻。

如果是想泡好放著的情況，將咖啡急速冷卻後，撈去冰塊並倒入有蓋子的容器中，冰在冰箱裡冷藏可以維持約兩天的美味。

若想要更輕鬆製作，可以利用調配成冰咖啡專用的混豆，以及冰咖啡機等。不需要進行細節的份量調整，也不需要訣竅與技巧，就能泡出有良好平衡的冰咖啡。

冰咖啡的基本沖泡方式

放入咖啡粉

咖啡粉的建議用量是每杯18～20g，比一般泡滴濾式咖啡時再多約8g。

注入熱水

注入熱水將咖啡粉先悶蒸過。為了讓咖啡粉整體都浸濕，請從咖啡粉正中央像劃圈般注入少量熱水。

悶蒸後注入第2泡熱水

悶蒸約10～50秒，讓咖啡粉充分膨脹。之後，才真正用劃圓的方式從正中央注入熱水。

注入第3泡熱水

注入第2泡熱水，待咖啡粉浮起的泡沫消去後，就以相同步驟再次注入熱水。滴完一杯份的熱水後，就將濾杯拿開。

在杯子中放入冰塊

在杯子中放滿等同杯子高度的冰塊。盡可能多放一點冰塊，讓咖啡急速冷卻，是沖泡出好喝冰咖啡的訣竅之一。

在杯子中注入咖啡

從咖啡壺中緩緩將咖啡倒入杯中。倒完之後再放入新的冰塊就完成了。

有著高品質甘甜與苦味、易於入口的冰滴咖啡

Rivers
Bearl Cold Brew冷泡咖啡杯

不用杯子也可以直接喝

最適合萃取一人份咖啡的隨行杯尺寸。不需要倒到杯子裡就能直接喝，十分方便。咖啡粉容易崩解，所以訣竅是在萃取後儘量不要搖晃到杯子。

iwaki
Water Drip
冰滴咖啡壺

可以親眼享受咖啡滴過的樂趣

在上方的水槽中加入冷水，讓水慢慢滴入咖啡粉中的冰滴咖啡壺。其特徵是，比起將咖啡粉浸入冷水中靜置的類型，泡出的咖啡風味較為清爽。

Hario
Filter-in
冷泡咖啡瓶

容易放在冰箱裡的酒瓶狀

附有能密封的蓋子。因為是酒瓶狀，所以可以收在冰箱門置物架上，也可以橫放，可收納性絕佳。能放入充足的咖啡粉，泡出味道紮實的咖啡。

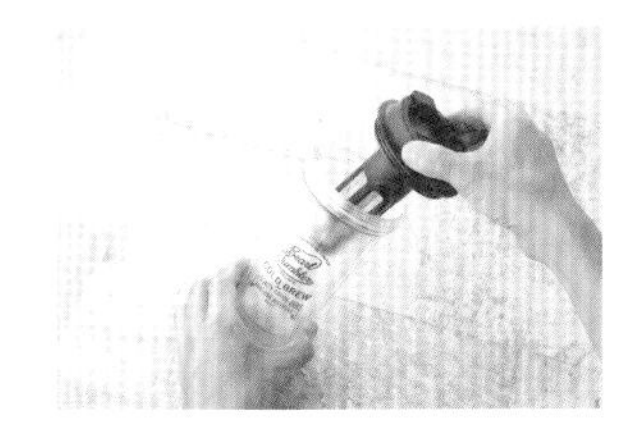

配合尺寸，能放入的咖啡粉份量較少。是沖泡一人份咖啡的最佳尺寸。

從水槽滴落的冷水滴完等於萃取完畢，所以能一眼知道咖啡是否已經泡好。

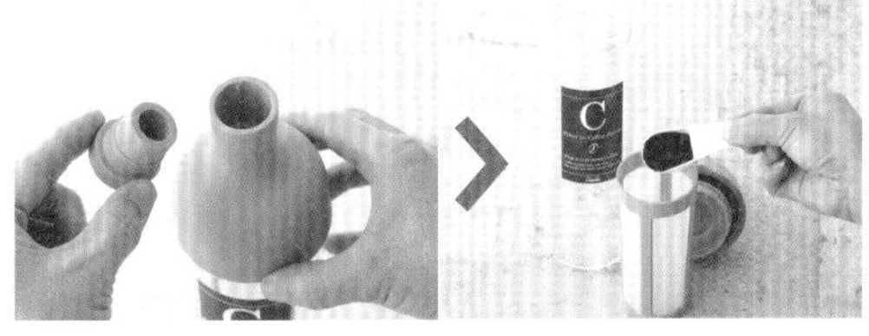

容易取下的矽膠蓋子，其形狀在將咖啡注入杯中時也很方便。在濾槽中放入咖啡粉，放入冰箱約8小時便能完成萃取。

COLUMN　水、砂糖、奶精的挑選方式

咖啡基本功 059 COFFEE BASICS

要泡出高品質的咖啡，選擇夥伴是很重要的

水　硬度和pH值都會對咖啡的味道有很大影響

硬度

硬水適合濃縮咖啡

硬度120ml/L以上，含有鈣和鎂等大量的礦物質。如果用硬水沖泡滴濾式咖啡，會泡出苦味，因此不建議。建議用於濃縮咖啡。

雀巢 Contrex

硬度1468mg/L
pH值7.4

產地為法國，富含鈣質和鎂質。可以補充不足的礦物質。

雀巢 Vittel

硬度315mg/L
pH值7.8

產地為法國，含有鈣和鎂。是硬水中喝起來口感相對比較沒澀味的。

依雲 Evian

硬度304mg/L
pH值7.2

產地為法國。鈣質和鎂質的平衡良好，對於習慣喝硬水的台灣人來說好入口。

軟水適合滴濾萃取

不含礦物質成分，清爽無澀味的水。日本和美國的水都是軟水，可以帶出食材的鮮味。也很適合用來沖泡滴濾式咖啡和泡茶。

三得利 南阿爾卑斯天然水

硬度30mg/L
pH值7.0

產地為山梨縣北杜市白川町。喝起來爽口且有著清爽的清涼感。也可以用來煮飯。

大塚食品 CRYSTAL GEYSER

硬度38mg/L
pH值7.6

產地為美國。用來沖泡滴濾式咖啡的話，比較不會有雜味，也可以煮出蓬鬆美味的白飯。

麒麟 Volvic

硬度60mg/L
pH值7.0

雖然產地為法國，但也是台灣人很熟悉的飲用水。未經過濾和殺菌，能品嘗到天然的滋味。

pH值

數值越高 口感越溫和

pH值7以上的水為鹼性。能中和咖啡的酸性，因此如果以鹼性水來沖泡，自然可以泡出溫和的口感。

數值低 就會泡出強烈酸味

pH值低於7的水為酸性。咖啡本身就是酸性，如果水的pH值過低，酸味就會太強，變得難以入口。

日本的自來水是軟水，正適合滴濾式萃取！

POINT 1 小心老舊自來水管！

就算自來水是安全的，但若自來水管本身過於老舊就不行。因為水中的鐵質會變高，如果和咖啡中的單寧酸起反應，就會影響咖啡的味道，還請注意。

POINT 2 用淨水器過濾雜質

可將有活性碳或中空纖維膜濾網的淨水器裝在水龍頭上，或在儲水容器中放入活性碳，就能將自來水中所含的氯等雜質去除。

POINT 3 煮沸可去除氯味

如果很在意氯味，可將自然水倒進打開蓋子的茶壺中，煮沸5～10秒，就能減輕味道。避免直接使用熱水器燒好後保溫的熱水。

如果在意氯味就煮沸

世界數一數二乾淨、安全的日本自來水是軟水，pH值約為7。就算用於咖啡中，也不會對風味帶來太大影響。

水、砂糖、奶類左右了咖啡的味道

對咖啡而言，水、砂糖和奶類也是重要的元素。其中水尤其重要，一般而言，咖啡適合使用鈣和鎂等礦物質成分含量較少的軟水。軟水可以保有咖啡的成分，享受原有的風味。礦物質含量高的硬水，會和咖啡原有的成分產生反應，導致苦味變強，因此適合用於濃縮咖啡等以深焙咖啡豆萃取的咖啡。

pH值超過7以上、鹼性較強的水，會和酸性較強的咖啡相互反應，使得味道變得柔和。雖然（在日本）直接使用自來水也沒什麼問題，但沖泡濃縮咖啡時還是可以嘗試使用Evian等硬水，感受味道的差異也很有趣。

如果是有點害怕咖啡苦味的人，或中途想換換口味的人，就加入砂糖或奶精吧。砂糖爽口的甜味不會干擾咖啡的味道，雖然易於溶解的細砂糖最為合適，但也可以用咖啡冰糖改變味道，或用方糖享受風味變化的樂趣。加入咖啡中的奶類，則可以選擇用鮮奶油增加濃醇感，如果想爽口一點，則推薦使用植物性奶精粉或液態奶精。奶精粉或液態奶精也有含動物性成分、較為濃醇的類型。

砂糖　滋味爽口的細砂糖是最佳選項！

自己製作糖漿吧！

不用花上10分鐘的超簡單食譜

雖然絕大多數人都是直接使用市售品，但其實在家也可以輕鬆製作糖漿。只要放入密封容器中再放入冰箱冷藏，就能保存一個月。用於料理也很方便。

1 準備1：1的水和砂糖。

2 用鍋子將水煮至沸騰。

3 加入砂糖轉中火。

4 煮至砂糖完全溶解。

咖啡冰糖

加入焦糖著色的砂糖。焦糖的風味能和咖啡的苦味調和。

白砂糖

爽口的滋味不會干擾咖啡的味道。容易溶解，也容易調整用量。

三溫糖

純度較低，礦物質含量較多而有獨特風味。加了牛奶的咖啡也可使用。

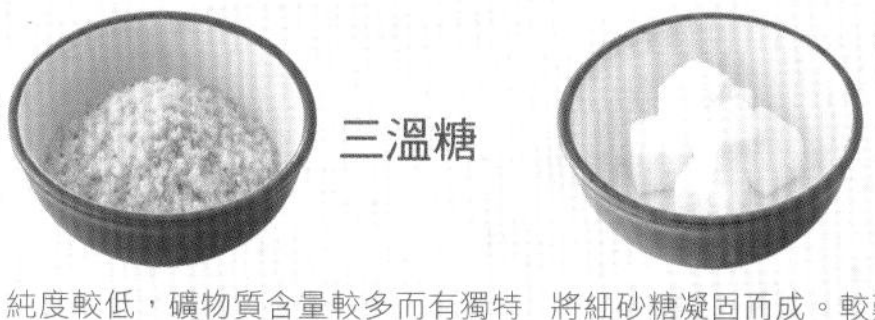
方糖

將細砂糖凝固而成。較難溶解，所以一開始喝和喝到後來的甜味會有所不同。

糖漿

用於難以溶解砂糖的冰咖啡。黏度高的稱為「Gum Syrup」。

中雙糖*

顆粒比細砂糖大，有其風味。溶解得較慢，可以享受甜味的變化。

* 日本的一種粗粒黃砂糖，常添加於長崎蛋糕底層。

可以迅速溶解的白砂糖

能帶出咖啡風味、讓咖啡好入口的砂糖有許多種類，最適合用來搭配的就是白砂糖。它沒有多餘的味道，滋味清爽。其他的砂糖也各有特色，可根據咖啡的種類和喝法分別使用。

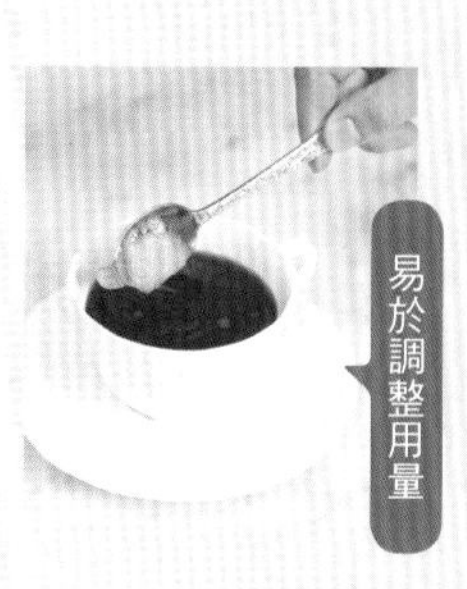

咖啡用奶類　中和苦味，增加濃醇感

味道較清爽 ⟷ 增加濃醇感

液態奶精

在植物性脂肪中添加乳化劑而成，有保存期限。味道清爽，可以控制卡路里。

KEY COFFEE CREAMY 奶精球

利用高壓均質化處理與無菌充填包裝，延長美味的保存期限。

UCC Café Plus 奶精球

不含反式脂肪的液態奶精。

奶精粉

不需冷藏就能保存，十分方便。除了能中和苦味，也適合喜歡動物性奶類勝過植物性奶精的飲用者。

森永 Creap 奶精粉

裝於輕巧便利的塑膠罐中。也有280g裝和90g裝。

AGF marim 奶精粉

能帶出咖啡風味的豐富醇度，以及爽口的後味是其特色。

鮮奶油

能塑造出圓潤且濃郁的味道。咖啡用的鮮奶油乳脂肪含量以10～30%較為合適。

中沢 Fresh-Cream 鮮奶油

低脂又有濃醇感的鮮奶油。能添加咖啡的圓潤感。

中沢 Pantry Cream 鮮奶油

乳脂肪含量30%的輕盈鮮奶油。一次性用量為100ml。

如果要中和苦味就選擇動物性產品

雖然咖啡是一種享受苦味的飲料，但怕苦的人也能選擇加入奶類來中和。如果想要濃醇感就選擇鮮奶油；不想要太濃郁的話就選擇液態奶精；重視方便性就選擇奶精粉，分門別類地使用吧！

加入能享受有個性香氣和味道的咖啡夥伴吧！

白蘭地

飄著芳醇香氣，打造大人的氛圍。

棉花糖

溶不掉時就用湯匙讓它沉下去。

肉桂

稍微浸泡一下，香氣就會溶進咖啡裡。

楓糖漿

加入深焙咖啡中能添加恰到好處的甘甜。

焦糖

加入焦糖獨特的強烈甜味與香氣。

蜂蜜

可以控制卡路里，創造出不可思議的味道。

會變成什麼味道呢？嘗試看看也很有趣

除了砂糖與咖啡用奶類外，可以用來添加各式香氣與滋味的咖啡夥伴還有很多。根據自己的心情進行各種嘗試吧！

在平常的咖啡上多加一道功夫

絕對要試試的花式咖啡

將牛奶打發得恰到好處，就能創造好口感
用咖啡和牛奶5：5的比例就能輕鬆製作咖啡歐蕾

通常會放在較大的咖啡歐蕾碗裡

奶泡打得好的訣竅就是牛奶的溫度要恰到好處

在滴濾式咖啡中加入溫牛奶製作而成的咖啡歐蕾，對腸胃很溫和。道地的做法是從較高的位置一口氣將牛奶注入，讓杯子的表面起泡。牛奶的溫度在60～70℃左右最容易打發。

該準備的東西

- 滴濾式萃取的咖啡
- 溫牛奶

1 滴濾式萃取咖啡

2 用鍋子將牛奶加熱（60～70度）

3 將咖啡注入杯中

4 從較高處將牛奶一口氣注入

基本原則是不要攪拌，一一品嘗材料的味道
奶油、咖啡、中雙糖可以享受3種風味的維也納咖啡

一邊用湯匙挖奶油來吃也可以

杯頂的裝飾可以隨你喜好自行調整

維也納咖啡是讓泡得較濃的滴濾式咖啡上頭浮著一坨打發鮮奶油。奶油上可以灑些堅果做裝飾，以一種品嘗甜點般的方式享用。

該準備的東西

- 滴濾式萃取的咖啡（深焙）
- 打發鮮奶油
- 中雙糖
- 堅果

1 準備好咖啡和打發鮮奶油

2 在放入中雙糖的杯中注入咖啡

3 將打發鮮奶油小心地盛於杯上

4 在鮮奶油上方放上核果

習慣滴濾式咖啡後就可以挑戰花式咖啡

記住滴濾式咖啡的正確沖泡方式後，希望你也能挑戰看看花式咖啡。不需更換咖啡豆或濾杯，只要加上牛奶或打發鮮奶油等，就能在平時喝的咖啡上多加一味，享受到不同以往的味覺饗宴，這正是花式咖啡的魅力。

不管是哪種花式咖啡食譜，都有個共通點，必須先將用來做為基底的滴濾式咖啡泡好。如果在這裡敷衍了事的話，則不管加上多少功夫，做出來的咖啡也都會質感不足，還請務必好好記住。一開始並不需要特別更換咖啡豆或濾杯。使用平常所使用的器具，細心沖泡咖啡即可。

經典的花式咖啡食譜之一，就是加入牛奶製作而成的「咖啡歐蕾」。雖然很簡單，但咖啡的香氣會因為濃純的牛奶而變得圓潤，變成一種截然不同的飲品。溫和

加入可可香甜酒或巧克力屑也很美味

以巧克力醬添加甜味 就很好入口的熱摩卡爪哇

用巧克力醬來描繪自己喜歡的花樣也很有趣

用牙籤將巧克力醬攪散，就能改變花樣

Cafe's Kitchen學園長
富田佐奈榮女士

混合可可製品的濃郁與甘甜 打造出容易入口的食譜

摩卡爪哇是在咖啡中加入巧克力或可可亞等可可製品而成。因為可為滴濾式咖啡添加甜味與醇度，不愛咖啡苦味的人也可以輕鬆享用。推薦使用容易融化的巧克力醬等，也可加入巧克力屑。

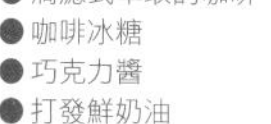

該準備的東西

- 滴濾式萃取的咖啡
- 咖啡冰糖
- 巧克力醬
- 打發鮮奶油

1 將鮮奶油事先打發

2 在預熱的咖啡杯中放入咖啡冰糖

3 從上方淋上巧克力醬

4 在杯子中注入咖啡

5 在咖啡上放上一坨鮮奶油

6 淋上巧克力醬

肉桂可以讓血液循環變好，據說對手腳冰冷很有效果

在苦味中加入香料味 能同時享受香氣的肉桂咖啡

在咖啡中添加肉桂的香氣增色

在甜點中很常見的肉桂，和咖啡搭配起來也很不錯。加上肉桂的香氣後，就能享受和平常的咖啡截然不同的滋味。

只灑上肉桂粉也OK

該準備的東西

- 滴濾式萃取的咖啡（深焙）
- 柑橘醬
- 肉桂棒

1 選擇深焙的滴濾式咖啡

2 在杯子中加入柑橘醬

3 在杯子中注入咖啡

4 以肉桂棒攪拌後飲用

的味道十分適合寒冷的早晨。順道一提，雖然「咖啡歐蕾」和「咖啡拿鐵」的名字十分相似，不過發源自法國的「咖啡歐蕾」是以深焙的咖啡加上牛奶；來自義大利的「咖啡拿鐵」則是以濃縮咖啡加上牛奶，材料有所不同。

咖啡廳的經典菜單「維也納咖啡」則是讓咖啡上漂浮著一坨打發鮮奶油。飲用時請不要攪拌，請用湯匙挖起奶油般享用。還可以一邊配奶油一邊喝，享受味道緩緩變化的樂趣。

「摩卡爪哇」是一道在咖啡中加上巧克力或可可亞等可可製品，添加甘甜與濃醇感的花式咖啡。只要使用打發鮮奶油和巧克力醬，就能在咖啡上描繪出喜歡的圖樣，十分有樂趣。也可以使用巧克力屑或可可香甜酒等，可用的素材相當多，嘗試各種素材、尋找自己喜歡的食譜，會是件很有趣的事。

「肉桂咖啡」是在咖啡中添加肉桂的辛香。一邊用肉桂棒攪拌咖啡，一邊飲用，據說是道地喝法。如果想要簡單製作，直接在咖啡上灑上肉桂粉也可以。一直以來都只加咖啡奶精的人，只要稍做變化，就能發現各式各樣的新滋味。

用小一點的杯子就能有甜點的感覺
甜甜的巧克力風味與柔和的香氣 能同時享受苦味的摩洛哥咖啡（Marocchino）

發源自米蘭的新感覺濃縮咖啡

喜愛甜味的人，就在上頭灑上白砂糖吧！

Cafe's Kitchen學園長
富田佐奈榮女士

能同時享受到濃郁的甜味與苦味最新的花式咖啡

近年來，日本也開始流行起來這樣的花式咖啡。使用巧克力糖漿與奶泡增加甜味，並在咖啡灑上滿滿的可可粉。濃醇的甘甜，和中央濃縮咖啡的苦味能取得良好平衡。如果還覺得甜味不足的人，可以再灑上細砂糖。

該準備的東西

- 濃縮咖啡
- 巧克力糖漿
- 奶泡
- 可可粉

1 以滴濾式萃取咖啡。

2 在杯子中加入巧克力糖漿

3 在杯子中注入濃縮咖啡

4 在杯子中央輕輕注入奶泡

5 在上方灑上滿滿的可可粉

偶爾用橙皮的苦味換換新口味
讓卡布奇諾變得有清爽甜味 可以一杯接一杯的橙香卡布奇諾

攪拌下方的柑橘醬，為味道帶來變化吧！

酸味加上苦味，清爽不膩口的美味

使用和咖啡香氣相當搭配的柑橘類花式咖啡。在卡布奇諾中加入柑橘醬以及橙皮。柑橘醬放於杯子的底部，可以一邊飲用，一邊攪拌，讓味道不再單調，產生變化。

該準備的東西

- 滴濾式萃取咖啡
- 柑橘醬
- 奶泡
- 橙皮

1 除了咖啡之外，也要準備柑橘醬等

2 在杯中放入柑橘醬

3 由上方注入奶泡

4 注入咖啡後放上橙皮

花式咖啡食譜可使用的材料繽紛多樣

如何增添甘甜與香氣，不同的花式咖啡，其做法也是大大不同。在此為你介紹幾種具代表性的花式咖啡。

近年來有越來越多咖啡店開始提供的「摩洛哥咖啡」，是在濃縮咖啡中加入巧克力糖漿帶出甜味，並在上頭加上一層奶泡與可可粉。享受巧克力與濃縮咖啡的組合吧！還能用牙籤在可可粉上描繪出花樣，更添時尚感。另外，「Marocchino」在義大利語中指的是「摩洛哥風」的意思。

柑橘醬與卡布奇諾組合而成的「橙香卡布奇諾」有著酸味與甜味，柑橘的香氣能為咖啡加成，創造出味道獨特的花式咖啡。如果光只用柑橘醬來帶出甜味，整體味覺印象就容易變膩；如果灑上橙皮，苦味就能做為點綴，到最後都能美味品嘗。也有類似的花式咖啡是用草莓果醬取代柑橘醬，使用了凍乾草莓巧克力製作而成的「凍乾草莓卡布奇諾」。

使用少量酒精來添加香氣，也是花式咖啡的經典手法。如果是不喜歡酒味的人，只要選擇熱咖啡，酒精就會幾乎揮發而只留下香

藉由加熱可以讓酒精揮發，讓香氣更強烈

蘭姆酒的香氣與巧克力的甘甜 從身體暖起來的巴西風咖啡

加入巧克力來調整喜歡的甜味

不將咖啡與牛奶煮至沸騰是訣竅

在鍋子中加入牛奶後加熱，讓香氣相互交融的花式咖啡。不要煮沸，煮到微微冒煙的程度，溫和加熱是重點所在。加入少量不會讓人注意到有酒精的蘭姆酒，就能單純添加香氣。

該準備的東西

- 滴濾式萃取咖啡
- 牛奶
- 蘭姆酒
- 巧克力屑

1 在鍋中倒入牛奶加熱

2 在鍋中的牛奶中倒入咖啡

3 煮至冒出熱氣後就關火，注入杯中

4 加入蘭姆酒，添加巧克力

使用專門掛在咖啡杯上用的皇家咖啡匙

不只能用白蘭地溫暖身體 還能享受火焰表演樂趣的皇家咖啡

把房子裡的燈關暗一點看看搖曳的火焰吧！

如果換成酒精濃度高的伏特加，就更容易點起火

Cafe's Kitchen學園長
富田佐奈榮女士

外觀最美的非此莫屬 湯匙上的藍色火焰 展現出了幻想般的氛圍

前端有用來掛在咖啡杯上凸起處的皇家咖啡匙很方便。可以在咖啡匙上放上方糖，在上頭注入少許白蘭地。將白蘭地點火。待方糖融化，倒入咖啡即完成。白蘭地的味道和香氣會恰到好處地滲入咖啡中。如果想更享受地觀賞藍色火焰，可以將屋裡的燈關暗一點。

該準備的東西

- 滴濾式萃取咖啡（深焙）
- 白蘭地
- 方糖

1 沖泡深焙的滴濾式咖啡

2 在杯中注入深焙咖啡

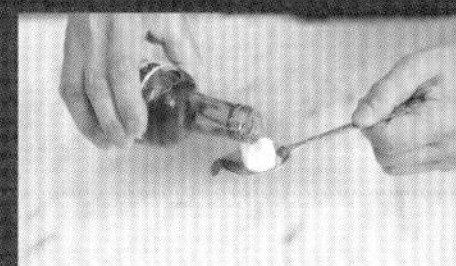

3 在湯匙上放上方糖，注入白蘭地

4 將白蘭地點火

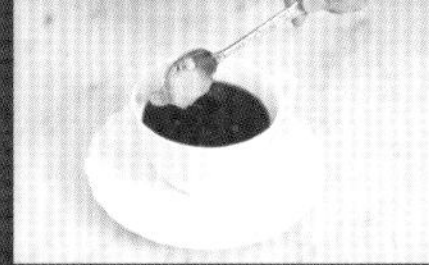

5 待方糖溶解後就加入杯中攪拌

氣，還請安心享用。

「巴西風咖啡」是以鍋子將咖啡與牛奶加熱，重點是煮出讓身體從中心開始暖起來的樸實味道。甘蔗製成的蘭姆酒的甜香，最適合柔和的味道。順道一提，在咖啡生產量在名聲或實質上都是世界第一的巴西，會將咖啡泡得很濃之後再加大量砂糖飲用，據說這是他們當地流行的風格。

使用白蘭地來添加香氣的「皇家咖啡」，將和方糖放在一起的白蘭地點火，讓酒精揮發是重點所在。此時可以享受到夢幻般的藍色火焰。也有人將其視為雞尾酒的一種，是比起咖啡廳，酒吧更常會提供的花式咖啡。看起來很有戲劇性效果，還請務必關上燈嘗試看看。能讓你在自家中就享受到有如去了派對般的氛圍。也有先在杯子裡放進方糖和白蘭地後點火，再加入咖啡、打發鮮奶油和巧克力的「呂德斯海姆咖啡」這種食譜。

威士忌一定要使用愛爾蘭出產的
酒味不重好入口 能讓身體暖和的愛爾蘭咖啡

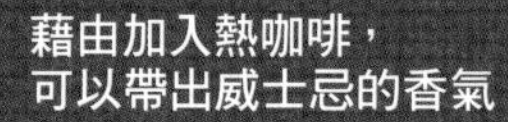

Cafe's Kitchen學園長
富田佐奈榮女士

藉由加入熱咖啡，可以帶出威士忌的香氣

在愛爾蘭威士忌中摻入2～3倍量的咖啡的熱雞尾酒。以溫熱的方式享受愛爾蘭威士忌所擁有的芳醇香氣。此外，這裡所使用的不是味道較重的蘇格蘭威士忌，而是香氣較為溫和的愛爾蘭威士忌。

該準備的東西

- 以滴濾方式萃取的咖啡（深焙）
- 白雙糖[1]
- 愛爾蘭威士忌
- 打發鮮奶油

1 以滴濾方式萃取咖啡

2 在預熱好的杯中放入白雙糖

3 加入愛爾蘭威士忌

4 注入溫咖啡

5 倒上打至6分發的鮮奶油

6 也可以把液態鮮奶油打發使用

將愛爾蘭咖啡做點變化 讓外觀和香氣再升級！

在咖啡上多加一道工夫，就能享受更多變化

雖然愛爾蘭咖啡只要直接使用高品質的威士忌，就能馬上上手；不過如果在威士忌上多加一道工夫，就能進一步享受變化。可以藉由焰燒來增加視覺效果，或試著加入喜歡的香氣。

威士忌焰燒1

將倒入鍋中的愛爾蘭威士忌加熱後點火，能讓滑順的香氣更明顯。就這樣直接倒入杯中的話，能帶來十足的娛樂效果！

威士忌焰燒2

除了威士忌，也在鍋中放入蜜柑或葡萄柚等，以小火加熱後，就會飄散出華麗的柑橘香氣。

使用Jameson的愛爾蘭威士忌就能享受到芳醇的香氣

Cafe's Kitchen學園長
富田佐奈榮女士

若能看見牛奶與咖啡的分層，就更能享受視覺效果

注入透明玻璃杯中的咖啡，從側面也能看見內容物正是其獨特的韻味。在此就介紹數種充分利用了這點，能製作出牛奶與咖啡分層的花式咖啡。在飲用的同時，也能享受玻璃杯中的花樣變化。

說到美味的熱咖啡，非愛爾蘭咖啡莫屬。這是一種在愛爾蘭威士忌中摻入咖啡的熱雞尾酒，愛爾蘭威士忌獨有的芳醇溫和香氣和咖啡十分搭。泥煤香強烈的蘇格蘭威士忌，則不建議用在此處。還請一定要用愛爾蘭產的威士忌。另外，在愛爾蘭威士忌中，也是有香氣較突出的類型，可以依自己的喜好尋找看看。「Jameson」愛爾蘭威士忌等品牌，因為味道沒那麼重，有著輕盈的香氣，也推薦初學者使用。

在杯子上半部輕輕放上打至6分發的鮮奶油，就能完成兩層漂亮分層的愛爾蘭咖啡。用鮮奶油做為裝飾的優點是會比一般的搭配更加溫和，對不喜歡酒味的人來說也會更容易入口。

冰咖啡歐蕾，在杯中最先注入牛奶是訣竅所在。因為冰的飲料有加冰塊，會比熱

[1] 日本一種結晶顆粒大於細砂糖、小於冰糖的砂糖，和中雙糖的差別在於中雙糖有加入焦糖色素。

牛奶和咖啡分成漂亮的兩層
能咕嚕咕嚕喝下的冰咖啡歐蕾

為了讓咖啡更容易接觸冰塊，在上方放入較大的冰塊，下方放入碎冰

訣竅在於和熱咖啡歐蕾注入杯中的順序不同

如果冰咖啡歐蕾是牛奶在咖啡上方，用吸管喝時，第一口咖啡的味道就會過於強烈。改成在杯中先注入牛奶，味道就會十分溫和而能咕嚕咕嚕喝下。顏色分成兩層，視覺上也很漂亮。

該準備的東西

- 以滴濾方式萃取的咖啡（深焙或專用冰咖啡）
- 冰塊
- 牛奶

1 準備好冰涼的深焙咖啡或專用冰咖啡

2 在杯中先放入牛奶和冰塊

3 將冰咖啡朝著冰塊緩緩注入

4 如果先攪拌再喝，滋味又會更圓潤

依照牛奶、冰塊、奶泡的順序加入是訣竅所在
咖啡夾在正中央的三層外觀十分美麗 有著濃厚豐富香氣的冰卡布奇諾

只要再加入風味糖漿，就能享受不同的味道與香氣

也可以在上頭灑上肉桂粉或可可粉哦！

Cafe's Kitchen學園長
富田佐奈榮女士

將冰卡布奇諾分成三層注入杯中 就能完成一杯像甜點或蛋糕般的咖啡

因為能將牛奶、濃縮咖啡和奶泡漂亮地分成3層，所以請務必用玻璃杯來享用冰卡布奇諾。將比重較重的牛奶先注入杯中即可完成。想喝更冰涼的冰卡布奇諾時，建議使用在常溫下也能打發的奶泡器來製作奶泡。

該準備的東西

- 濃縮咖啡
- 冰塊
- 牛奶
- 奶泡

1 準備好濃縮咖啡與牛奶等

2 在杯中倒入牛奶

3 在杯中加入冰塊

4 在杯中加入奶泡

5 輕輕注入濃縮咖啡

飲更容易混在一起，用吸管的話又會先從最底層開始喝起。因此，如果讓咖啡沉在杯子下方的話，喝第一口時就容易覺得咖啡的味道過於強烈。此外，最好將碎冰放在底部，較大的冰塊放在上方。為了讓咖啡能碰到冰塊，加快冷卻速度，所以讓大的冰塊在上方會比較好進行。如果事先記住這些重點，就能製作出兩層漂亮分層的冰咖啡歐蕾。不管是直接飲用，享受味道的變化，或攪拌均勻後再咕嚕咕嚕地喝掉都可以。

冰卡布奇諾，在加入牛奶跟奶泡後再注入濃縮咖啡，就能製作出一杯分成漂亮三層的冰卡布奇諾。還可以在濃縮咖啡中加入風味糖漿，或在奶泡上灑上肉桂粉或可可粉，享受更加豐富的變化。

不管是哪種花式咖啡，只要遵守將咖啡和牛奶等注入杯中的順序，就能以意外簡單的方式完成，還請試著挑戰看看。

用莓果醬汁來增添酸味，就會別具風味
咖啡風味的香草冰淇淋 最適合當作夏日甜點的咖啡奶昔

像是漂浮冰咖啡一般的滋味

Cafe's Kitchen學園長
富田佐奈榮女士

用冷凍庫就能做！ 豐富變化又好製作的咖啡奶昔

這是香草冰淇淋的變化食譜。將在冷凍庫裡結冰的冰咖啡和熱咖啡混合，再和弄軟到能用吸管吸起來的香草冰淇淋一同攪拌，就能在無須使用特殊工具的情況下製作出奶昔。可以在冰咖啡裡添加風味，或淋上甘甜的醬汁，根據下的工夫不同，能享受到各式各樣的味道。

該準備的東西

- 冰咖啡
- 香草冰淇淋
- 巧克力醬
- 冰塊

1 事先將冰咖啡萃取好

2 用鐵盤將冰咖啡冷凍

3 將鐵盤中的冰咖啡弄碎

4 將香草冰淇淋弄軟

5 移到杯中後放上咖啡碎冰塊

在Paul Bassett也喝得到的夏日特選
讓濃縮咖啡變得更好入口、能享受香氣的冰廊構咖啡*

能直接享受咖啡豆的原有風味與滋味

超人氣濃縮咖啡廳Paul Bassett所提倡的新型態冰咖啡，就是這款冰廊構咖啡。雖然是將沖泡得較濃的濃縮咖啡，迅速以冰水稀釋的單純飲品，但經過充分沖泡的濃縮咖啡，即使經過稀釋也風味不減，能保留咖啡豆的原有風味。

餐後飲用最為暢快，讓心情為之一振

不加入牛奶或砂糖等，直接飲用最能享受到咖啡豆的風味

Paul Bassett
角 繪美子小姐

該準備的東西

- 較濃的濃縮咖啡
- 冰塊
- 水

1 將120cc淨水事先冰過

2 注入40cc較濃的濃縮咖啡

3 輕輕攪拌混合

能輕易製作且變化範圍廣泛的咖啡的新魅力

咖啡不只能直接喝，還有幫其他食材提味的作用。特別是咖啡的苦味和香氣，和甜的東西特別搭。在此就介紹了幾道將咖啡用在甜點中的變化食譜。

在這之中，簡單的香草冰淇淋和咖啡堪稱絕配。這種組合能更加帶出雙方的美味。如果將結凍的咖啡和弄軟的香草冰淇淋一同攪拌，就能製作出奶昔。不妨以享用漂浮冰咖啡或漢堡店奶昔的感覺嘗試看看。還可以放上水果，或淋上莓果醬汁，就又能享受到另一道別具風味的甜點。

將濃縮咖啡直接淋在香草冰淇淋上的阿法奇朵，也是一道簡單又美味的甜點。據說，在人氣咖啡專賣店丸山咖啡裡也十分受到歡迎。濃縮咖啡具有純度的苦味，能帶出香草冰淇淋的甜味。不管是哪道食譜，都能在家輕鬆嘗試，還請務必挑戰看看。

還有其他無須技巧或特別器具，就能輕易製作的花式咖啡食譜，就讓我們繼續介紹下去。

冰廊構咖啡是人氣濃縮咖啡廳Paul Bassett特別推薦的

* Lungo：以一般量 2 倍的水拉長萃取時間的濃縮咖啡。

改變蜂蜜的種類，做各種嘗試吧！

不是加砂糖，而是改用蜂蜜 就能讓以往的咖啡變出新風味

這是能讓咖啡的香氣更加明顯，我很喜歡的一道變化食譜

丸山咖啡
中山吉伸先生

比砂糖或糖漿更加複雜的風味

蜂蜜的味道與香氣成分要比砂糖和糖漿來得更豐富，和咖啡意外地搭。光只是用蜂蜜取代平日飲用的咖啡中的砂糖，就能創造出截然不同的味道。比起冰咖啡，熱咖啡更能帶出蜂蜜的香氣，蜂蜜也會讓咖啡的香氣更明顯，大力推薦。尋找適合搭配自己喜愛咖啡的好蜂蜜，進行各種嘗試也很令人開心。

1 在咖啡中加入蜂蜜

2 攪拌混合後享用

該準備的東西
- 以滴濾方式萃取的咖啡
- 蜂蜜

也可以加入牛奶

試試丸山咖啡的人氣品項吧！

淋上濃縮咖啡的大人味甜點 就是阿法奇朵

請盡情享受咖啡的風味與冰淇淋的甜味譜出的層次與對比

丸山咖啡
中山吉伸先生

濃縮咖啡凝縮的味道能帶出香草冰淇淋的甘甜

人氣咖啡專賣店丸山咖啡的經典熱門甜點，就是這道阿法奇朵（Affogato）。濃縮咖啡的苦味與酸味、醇度與香氣，與香草冰淇淋的甜蜜滋味是最佳組合。也請和咖啡一同享用。

1 在香草冰淇淋上淋上濃縮咖啡

2 趁還沒溶化時享用

該準備的東西
- 濃縮咖啡
- 香草冰淇淋

雖然簡單卻是絕品甜點

新型態冰咖啡。將泡得較濃的濃縮咖啡，以約3倍左右的冰水稀釋，製作成冰咖啡。原本濃縮咖啡的味道比較重，只要這樣做就會變成清爽好入口的濃度，且能充分享受到咖啡特有的香氣與風味。請不要加入牛奶或砂糖，直接在餐後飲用，就能為一餐劃下暢快的結尾。

以不管是誰都能輕鬆享受的咖啡而言，丸山咖啡的中山先生所推薦的變化食譜正是上上之選。就是在熱咖啡中加入蜂蜜。不同於砂糖和糖漿，有著各種風味的蜂蜜，光只是改變蜂蜜的種類，就能為咖啡的滋味創造出各式各樣的變化。一般家庭也很常使用到的蜂蜜，能為你輕鬆拓展咖啡的樂趣。

提到夏日炎熱時節的咖啡甜點，以在冰咖啡上放上香草冰淇淋的漂浮冰咖啡最為有名，但只要再多下點功夫，就能享受到等級更上一層的甜點。

給新手的咖啡拉花教學（COBI COFFEE篇）

具備光澤與細緻泡沫的牛奶對咖啡拉花來說不可或缺！

奶泡的製作方式（業務用）

1 讓噴嘴稍微空轉一下

讓蒸氣噴嘴稍微空轉一下，去除裡頭殘留的牛奶。

2 將前端稍微探入牛奶中

將蒸氣噴嘴的前端稍微探入裝了牛奶的拉花杯中，打入空氣。

3 將噴嘴沒入牛奶中使其對流

將蒸氣噴嘴前端沒入牛奶中，讓牛奶對流，打散剛才製造的氣泡。

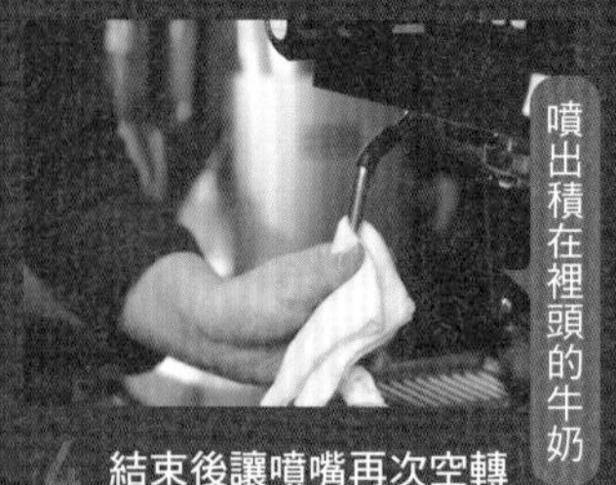

4 結束後讓噴嘴再次空轉

完成奶泡後，再讓噴嘴稍微空轉，去除裡頭的牛奶。

在家做時就一邊參考此訣竅，一邊試著挑戰製作溫和的奶泡吧！

業務用濃縮咖啡機的蒸氣，強度是家庭用機器的3～4倍。如果是製作奶泡，業務用機器因為速度較快，不會含有多餘的空氣，能製作出口感更溫和的奶泡。將蒸氣噴嘴稍微探入牛奶裡，在表面打出氣泡；再將噴嘴前端完全沒入牛奶中，使牛奶對流並將氣泡打散，重複數次上述步驟是訣竅所在。用少一點的空氣，增加到約1.1～1.2倍的體積就是拿鐵用奶泡；用多一點的空氣，增加到約1.4倍的體積就是卡布奇諾用的奶泡。

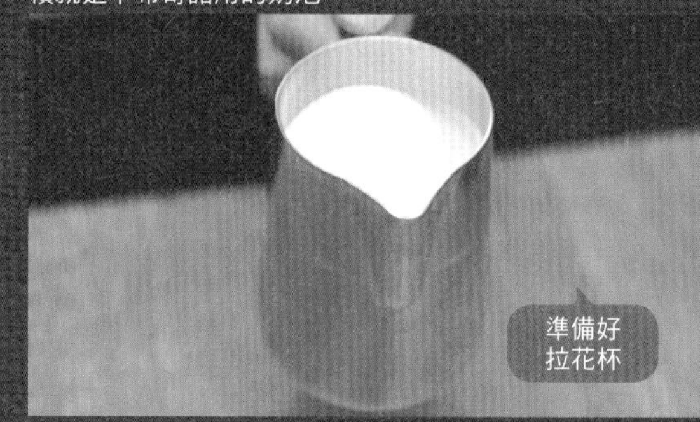

用家用奶泡器也能輕鬆製作！

只須上下拉動拉桿

只要放入牛奶後上下拉動拉桿，不管是誰都能輕易打發奶泡。

能打出細緻的奶泡

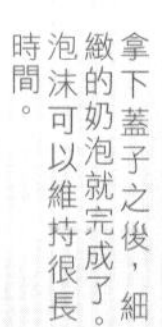
拿下蓋子之後，細緻的奶泡就完成了。泡沫可以維持很長時間。

只要裝入牛奶上下拉動拉桿就能輕鬆打出綿密蓬鬆的奶泡

如同法式濾壓壺的設計，拉桿的的濾網部分為兩層構造。只要上下拉動拉桿數次，就能打入空氣，製作出奶泡。拉桿操作簡單，使用起來很流暢順手。也可以用於冰牛奶，十分方便。

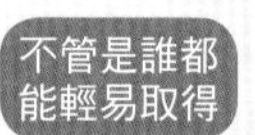

在飲用之前先好好享受美麗的咖啡拉花

咖啡拉花就是用拉花杯在裝有濃縮咖啡的杯中注入奶泡，操控牛奶的流向在咖啡表面繪製出花樣。常見的主題有愛心、葉子、鬱金香等各式各樣的花樣，在藝術表現上受到歡迎，甚至也開始舉辦讓咖啡師們相互較勁的咖啡拉花大賽。

位於東京南青山的COBI COFFEE AOYAMA也提供了有拉花的拿鐵與卡布奇諾，我們向品牌經理川尻大輔先生，請教了初學者容易學起來的咖啡拉花製作方式。

重點在於要先製作出細緻且口感滑順的奶泡。雖然家用的手動奶泡器，和價格較合理的濃縮咖啡機所附的蒸氣噴嘴，強度不如業務用的咖啡機，不妨多練習幾次，嘗試做出奶泡吧！當然，也別忘了先準備好味道濃郁紮實的濃縮咖啡。在製作拉花時，愛心的大小是取決於注入牛奶的量，因此需要一定程度的膽量。好好練習，為你的朋友做一杯拉花咖啡吧！會畫愛心之後，就試著挑戰鬱金香等花樣吧！

咖啡拉花的基本製作方式

讓奶泡均勻、傾斜咖啡杯等，理解重點後就只需要練習了！

訣竅是打好奶泡後先將奶泡弄均勻，弄破較大的氣泡，讓奶泡呈現出光澤感。將出現在邊緣的大氣泡稍微除去後再開始拉花。將放有濃縮咖啡的杯子稍微傾斜，重點是該倒出一定流量時，就確實倒出。只要進行數次的想像訓練與練習，一定就能畫出漂亮的愛心花樣！

有著漂亮花苞的「鬱金香」

一開始先製作出一個小圓，再倒入第二泡、第三泡來將圓沖散，製作出周圍的葉子花樣。

推薦初學者嘗試「愛心」

非常簡單適合初學者，但如果不先記好氣勢、傾斜和手部的動態等基礎，就會很難做到。

改變動作方式就能增加葉子數量

奶泡花樣浮現之後，可以左右小幅搖晃拉花杯，增加細部的葉子花樣。

先把奶泡中大的氣泡弄破是重點所在

COBI COFFEE
川尻大輔先生

1 製作濃縮咖啡

用濃縮咖啡機製作出20～30cc的咖啡。移入杯中後，再準備奶泡。

2 傾斜杯子製作出較深的部分

將杯子傾斜約45度，製作出濃縮咖啡的液體中較深的部分。一開始要朝著這個部分注入奶泡。

3 增加流量注入奶泡

一邊增加流量，一邊將奶泡注入液體中間最深處。彷彿要讓奶泡潛入濃縮咖啡之下的感覺。

4 位子不要偏掉，讓奶泡均勻

注入奶泡的位置不要偏掉，讓奶泡均勻。緩緩增加奶泡的量。

5 將拉花杯貼近杯子

將拉花杯貼近杯子，稍微左右搖晃，朝反方向製作出像葉子一般的花樣。

6 從中間一直線將圓劃開

拉好像葉子一樣的形狀後，就由頂端往下用奶泡拉出一直線。

7 拿開拉花杯

在花樣頂端稍微往內拉回，就能拉出漂亮的愛心了。此時就趕快拿開拉花杯，以免花樣亂掉。

咖啡基本功 076 COFFEE BASICS

給新手的咖啡拉花教學（Paul Bassett篇）
如果已經學會拉出愛心，就試著挑戰進階的花樣吧！

咖啡拉花的基本製作方式（翅膀鬱金香*）

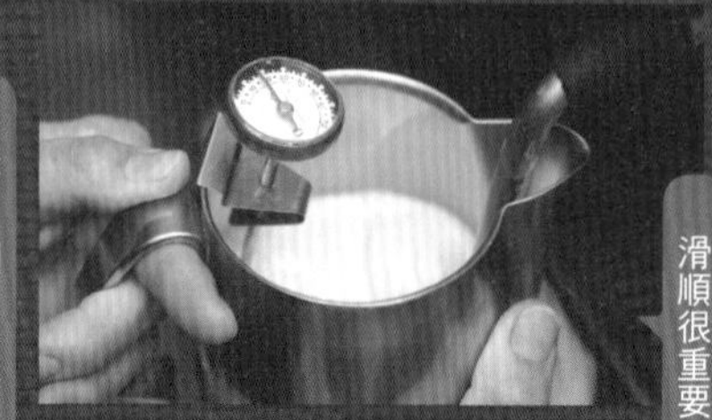

1 製作奶泡

製作滑順的奶泡。趁著製作出的奶泡還沒消去前，立刻用來拉拉花。

2 從杯子正中央倒入

將杯子傾斜約45度後，將奶泡注入濃縮咖啡深度最深處的中央部分。

3 將拉花杯橫向晃動

將拉花杯的杯口貼近液面，產生對流後緩緩以一定的節奏左右晃動。

4 注入中央

將杯口前進至中央，讓外側的花樣慢慢被捲入杯子中央。先暫停注入並提起拉花杯。

5 製作頂端的愛心

注入時朝自己的方向拉，讓翅膀的花樣延展開來。接著再往相同部分注入奶泡，製作出頂端的愛心。

6 注入時要筆直切開

將拉花杯直直往前拉，製作出莖的部分。可以在頂端製作一個愛心，下方的葉子就會展開。

7 製作好莖就拿開

拉花杯到達最下方之後，就輕輕停止注入奶泡並拿開。流量也很重要，小心別從杯中溢出來。

8 咖啡拉花完成

最外側會是層層交疊的花樣，左右則延展成U字形。內側則描繪出較大的葉片與心形的花苞。

Paul Bassett
角 繪美子小姐

漸漸就能掌握晃動拉花杯的方式

咖啡拉花單純是靠裝有奶泡的拉花杯的注入方式，來描繪出花樣。有翅膀鬱金香、葉子、雙層愛心、鳳凰等形形色色的花樣，發想新花樣也是樂趣之一。

根據Paul Bassett的角小姐表示，如果畫出左右對稱的花樣的話，味道也會有較佳的平衡。製作出滑順、溫度介於62～65℃間的奶泡後，就立刻開始拉花；要在讓液體對流的同時注入奶泡，一邊記住諸如此類的重點，一邊試著練習吧！

* wing tulip，又稱作「開底鬱金香」。

咖啡拉花的基本製作方式(葉子)

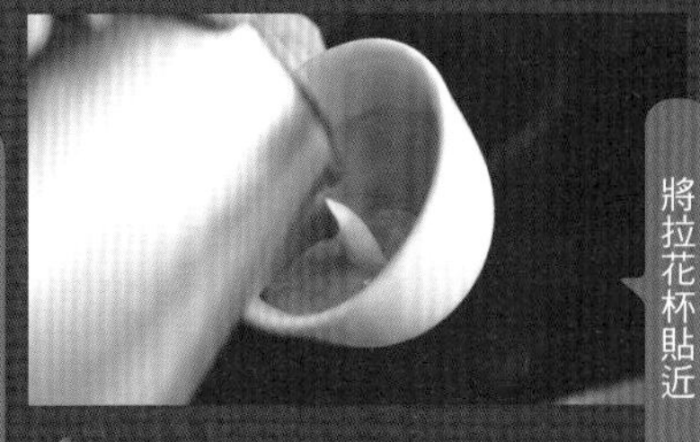

1 將杯子傾斜倒入

裝了濃縮咖啡的杯子要傾斜約45度，將奶泡注入最深的中央部分。

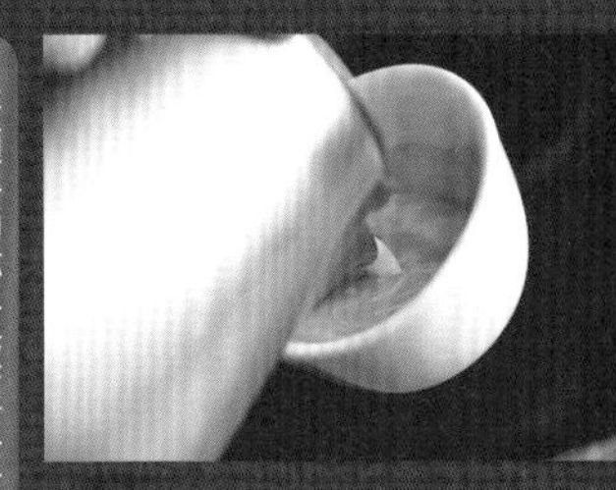

2 從液面中央注入

注入奶泡時，不要停止讓液體對流，要意識到讓整體都均勻。

3 從較低的位置開始左右搖動

將拉花杯緩緩移動到較淺的位置，接著牛奶的花樣就會浮上來。

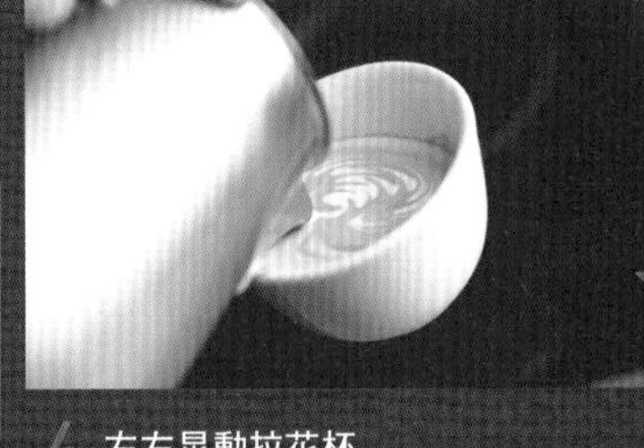

4 左右晃動拉花杯

牛奶的花樣浮上來之後，立刻輕輕左右晃動拉花杯。

5 將拉花杯朝自己的方向拉

一邊將傾斜的杯子恢復水平，一邊將拉花杯朝自己的方向拉。畫出像波紋般的花樣。

6 從自己的方向往最遠處注入

拉花杯抵達杯緣時，就從以像是切過浮起花樣中央的方式將奶泡往最遠那側注入。

7 拿開拉花杯

拉花杯抵達另一側的杯緣後，就停止注入奶泡，輕輕拿開。

不要溢出來

8 咖啡拉花完成

數片葉子加上莖、花苞的葉子花樣完成。各個部分的大小和位置都能加以改變。

家用咖啡機也能輕鬆做出咖啡拉花

用家用咖啡機跟模板就能輕鬆製作！

就算沒有業務用濃縮咖啡機和蒸氣噴嘴，沒有咖啡拉花的高級技術也沒關係。只要用家用濃縮咖啡機跟拉花模板，就能做出親子也能同樂的咖啡拉花。

1 準備好咖啡拉花用模板

市面上也有販售拉花模板，自行製作也可以

2 放在咖啡杯上方

放在接近表面，但不會沾到奶泡的位置。

3 灑上可可粉

從上方輕輕地均勻灑上可可粉。

笑臉標誌好開心！

4 咖啡拉花完成！

拿開模板，就會出現可愛的笑臉標誌。

迪朗奇
義式咖啡機
ESAM
03110S

附有牛奶奶泡器

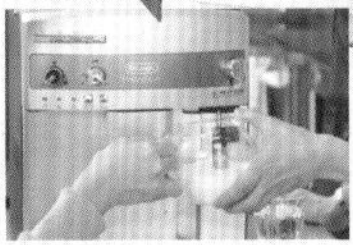

可以同時萃取兩杯咖啡，操作上也只要旋轉旋鈕即可，相當簡單。也能調整咖啡的濃度。

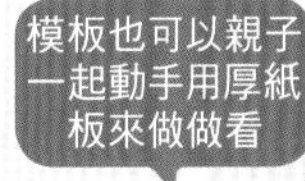

Cafe's Kitchen學園長
富田佐奈榮女士

Noi Crystal Dripper 鑽石濾杯

〔規格〕
圓錐形
單孔
1～4杯用

鑽石切面的外觀也很美

萃取出均衡風味

能充分帶出咖啡的濃醇感

圓錐形的濾杯能讓從中央滴落的熱水均勻地通過所有咖啡粉。藉此在滴濾時充分使用到所有咖啡粉，帶出濃醇感。

耐衝擊、抗磨損 可以長久使用

使用強度是玻璃150倍的聚碳酸酯製作，即使掉到地上或撞到也不易受損。

鑽石切面不只是外觀看起來美麗而已

「專為滴濾美味的咖啡而打造」以此概念設計出的Noi系列鑽石濾杯。獨特的切割溝槽被稱為鑽石切面，開始滴濾後，咖啡便會沿著該切割面向下流，能達到最佳速度的萃取。此外，鑽石切面的頂點可以讓濾杯與濾紙以均勻的狀態接觸，不易萃取出雜質。即使是初學者也能輕鬆泡出美味咖啡。

Hario

V60螺旋濾杯02 透明

〔規格〕
圓錐形
單孔
1～4杯用

專家也愛用

具備溝槽，因此能順暢地萃取

能充分萃取咖啡成分與味道的形狀

圓錐形的濾杯只要注入熱水，就能形成較深的咖啡層，和熱水接觸的時間也會拉長。因此能充分萃取出咖啡的成分，享受咖啡原有的滋味。

Melitta

香氣濾杯 AF-M1×2

〔規格〕
梯形
單孔
2～4杯用

帶出香氣 濾孔的位置是重點

適合初學者

僅用些微的差異就大大改變了咖啡的味道

香氣濾杯的濾孔比一般的濾杯稍微高一點。因此，能達到在萃取之前悶蒸咖啡，帶出深層香氣的效果。

Kalita

102-D

〔規格〕
梯形
三孔
2～4杯用

適合進階者

儘速進行萃取 可讓咖啡沒有雜味

在雜味釋出前以三個濾孔滴濾

和單孔的濾杯相比，三孔的Kalitta式濾杯注入熱水後會較快滴落，能在釋出雜味前只萃取美味的部分。輕巧好用也是其受歡迎的理由。

Useful coffee tools

塑膠濾杯

有著明顯的溝槽 能更順暢地萃取

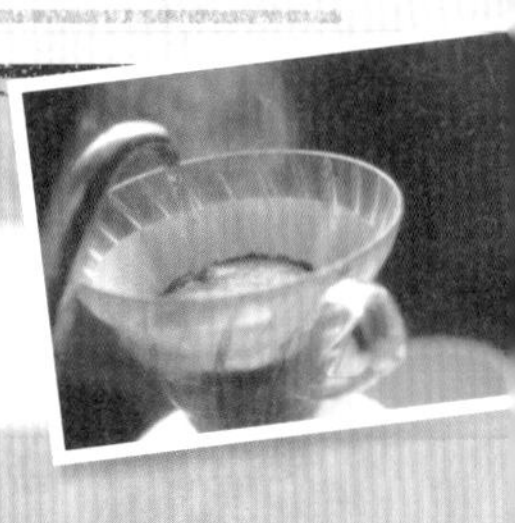

種類豐富，擁有很多個也沒問題

在濾杯之中，塑膠濾杯不但形狀和設計多樣，製造販售的廠商也很多，特徵不用說就是輕巧感了。和陶瓷或金屬濾杯相比，塑膠濾杯能以相當低廉的價格買到。根據其形狀、濾孔數量與溝槽的不同，即使是

Melitta

咖啡濾杯 SF-M 1×2

〔規格〕
梯形
單孔
2～4杯用

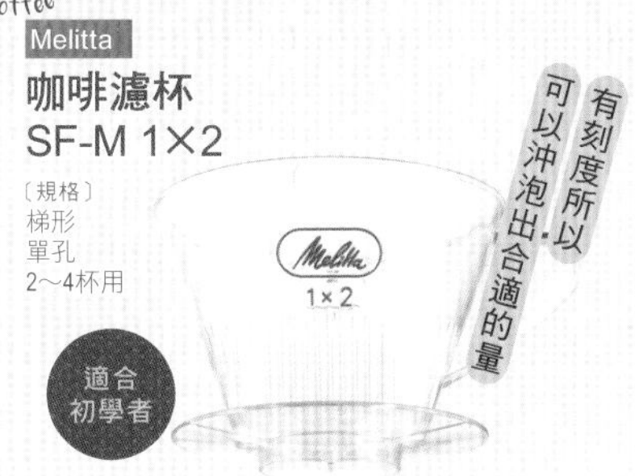

適合初學者

可控制正確的萃取速度與水量

基於流體力學，為達到理想的萃取速度而設計的濾杯，只要讓咖啡粉用量與熱水溫度保持固定，就能一直沖泡出相同味道的咖啡。

KINTO

SLOW COFFEE STYLE濾杯 4人份 淺灰

適合進階者

〔規格〕
錐形
單孔
4杯用

根據喜好選擇濾紙或不銹鋼濾網

KINTO的濾杯可以讓你選擇濾網材質，這點很令人開心。如果用濾紙，咖啡就會清爽溫和；如果選用不鏽鋼濾網，就能直接感受到咖啡的香氣。

BONMAC

梯形咖啡濾杯 CD-2DX

〔規格〕
梯形
3孔
2～4杯用

適合進階者

外觀看起來很帥氣，用起來也很堅固

有著圓角的四邊形設計十分獨特。加上底盤的質感，也很適合做為室內擺飾。內側有細細的溝槽，能順暢地萃取。

KALDI Coffee Farm

原創咖啡濾杯

適合進階者

〔規格〕
梯形
三孔
2～5杯用

黑色帶來塑膠濾杯少有的高級感

以咖啡和輸入食品聞名的KALDI（咖樂迪）原創的濾杯。有著輕巧好保養的塑膠濾杯中少見的黑色，即使長時間使用，染色的汙漬等也不會太明顯。

Kalita

Caffe Tall 隨身咖啡濾杯

〔規格〕
梯形
三孔
1杯用

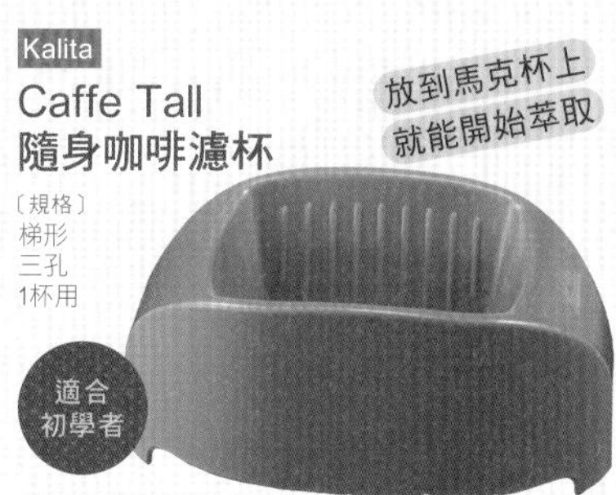

適合初學者

隨時都能輕鬆萃取出一人份的咖啡

可以直接放在你喜歡的馬克杯或隨行杯上的濾杯。可以泡出滿滿一杯中杯份量（tall size）的咖啡，不管是工作時或單人生活時使用都非常方便。

MUNIEQ

Tetra Drip 01P 攜帶型濾泡咖啡架

〔規格〕
錐形
單孔
1～1.5杯用

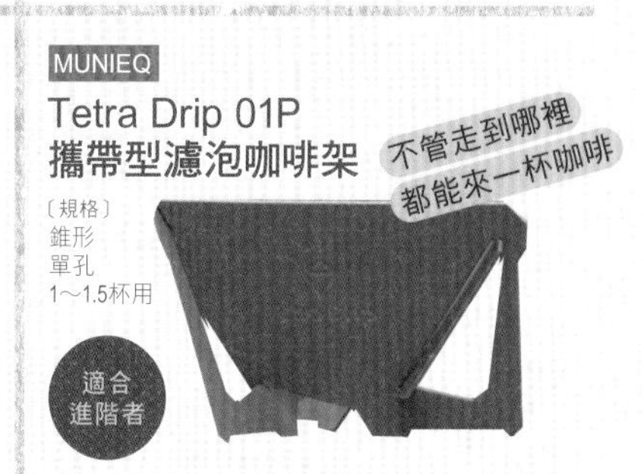

適合進階者

輕巧、好攜帶又時尚！

有著出色的可攜帶性、安全性，又能兼顧美味的濾杯。使用時只要將3片板子組裝起來就能完成。

Bialetti

POUR OVER 手沖咖啡濾杯 4杯份 黑色

〔規格〕
梯形
單孔
2～4杯用

適合初學者

摩登的八角形外觀和把手，概念來自摩卡壺

直火式濃縮咖啡壺製造商Bialetti以摩卡壺為概念設計的濾杯。沒有多餘的裝飾，上頭的經典歐吉桑Logo讓人印象深刻。

八幡化成株式會社

帆船造型咖啡濾杯濾紙架組

〔規格〕
梯形
三孔
2～4杯用

適合當禮物

可以將濾杯和濾紙收納在一起

船體的部分式濾杯，船帆的部分則是濾紙架，這樣的創意令人眼睛為之一亮。使用完後就能疊起收納，也能單純拿來當一般擺飾。

Kalita

雙層濾杯

〔規格〕
梯形
三孔
2～4杯用

適合進階者

正因為是雙層，才能有這樣簡約的外形

沒有把手的流線型杯身是這個濾杯的特徵。杯身是雙層構造，所以不容易燙手，就算沒有把手也能在滴濾後直接手拿。

相同咖啡，也能泡出味道上的差異。因此，嘗試各式各樣的類型，找出能沖泡出自己喜歡味道的濾杯就很重要了。要做到這點，能輕鬆購入的塑膠濾杯，其存在便不可或缺。當然，這對想享受濾杯各自的味道差異，或根據不同情況分別使用不同濾杯的人來說也很重要。以正要開始挑戰手沖滴濾咖啡的初學者而言，也建議先從挑選塑膠濾杯開始。

溝槽明顯也是塑膠濾杯的特徵之一。即使是相同製造商、相同系列的濾杯，如果和陶瓷濾杯比起來，塑膠製的濾杯溝槽往往會製作得比較明顯。這雖然是基於材質性質上的差異，無可避免的事情；不過溝槽扮演著調整熱水流向的角色，各家製造商無一不是研究了如何沖泡出美味咖啡後，才設計出濾杯的形狀。有著明顯溝槽的塑膠濾杯，能更順暢地萃取咖啡。豐富的顏色也是塑膠濾杯才有的特點，挑選時也請你一併考量是否適合搭配家中布置。

Melitta

陶瓷濾杯 SF-T 1×1

〔規格〕
梯形
單孔
1～2杯用

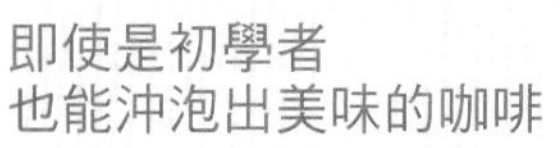

即使是初學者 也能沖泡出美味的咖啡

能感受到陶瓷濾杯特有的溫度與高級感。Melitta的濾杯只有一個濾孔，能在進行萃取時自動調整為能萃取出美味咖啡的速度。在悶蒸完咖啡粉後，只要一次注入所需的水量，接著就只要讓濾杯以最佳速度萃取美味咖啡即可。即使是初學者，也能輕鬆泡出好喝的咖啡。

濾杯的角度和溝槽的深度都經過精心計算

為了達到能萃取出美味咖啡的速度，濾杯的角度與溝槽的深度等，全都經過精心計算，集結於這個濾杯之中。

Hario

V60螺旋濾杯02 陶瓷白

〔規格〕
圓錐形
單孔
1～4杯用

世界公認的優秀濾杯

調整注水速度就能 沖泡出自己喜歡的味道

Hario的濾杯只有一個大的濾孔，如果緩緩注入熱水的話，就能泡出有深厚醇度的味道；如果快速注入熱水的話，就能調整成較清爽的味道。

BONMAC

V型陶瓷濾杯 VCD-2W

〔規格〕
圓錐形
單孔
1～4杯用

能用於任何咖啡器具

商店的愛用款 既堅固又易於使用

堅固又易於保養的美濃燒[1]濾杯。注入較大單一濾孔中的熱水會通過咖啡粉整體，能達到均勻的萃取。能透過注水速度改變風味。

ZERO JAPAN

咖啡濾杯 L

〔規格〕
梯形
兩孔
1～4杯用

放在咖啡杯上也能用來確認份量

全美冠軍所使用的 正統咖啡濾杯

全美冠軍在較勁手沖滴濾技術的大賽中所使用的濾杯。如同「看到、碰到、用到都有好感覺」的概念，好用程度也是世界級水準。

Useful coffee tools

即使長時間使用 也無損品質的陶製器具

陶瓷濾杯

保養上需要留意，但能長久持續使用

陶瓷濾杯的魅力就在於設計感極佳，很能融入室內布置。重視陶瓷獨特的圓潤質感與重量感，因而選擇陶瓷濾杯的人也很多。不過，陶瓷濾杯也有很多需要注意的點。首先是陶瓷的導熱性比較低，所以在使

[1] 日本岐阜縣東濃地方所出產的陶瓷器總稱，被認定為國家傳統工藝品。

BARISTA & CO

Drip Coffee Filter With Base 附底座式濾杯

〔規格〕
梯形
雙孔
1～2杯用

適合初學者

可用來萃取後放置濾杯的底座意外地方便

因為有底座，萃取完後不用煩惱濾杯要放在哪，可以直接享用咖啡。因為有切口，所以直接放在馬克杯上也能確認萃取量。

KINTO

SLOW COFFEE STYLE SPECIALTY 01 陶瓷濾杯 2人份 金屬黑

〔規格〕
圓錐形
單孔
2杯用

適合進階者

從日本的職人技術中誕生的高品質咖啡器具

KINTO與鹿兒島陶藝家城戶雄介合作而誕生的濾杯。在釉藥使用鐵彩來創造出礦物般的質感，彷彿使用數年的老件。

Kalita

102陶瓷濾杯

〔規格〕
梯形
三孔
2～4杯用

適合進階者

三孔與縱向溝槽能沖泡出爽口咖啡

位於濾杯內側的直線溝槽與三個濾孔，能加快萃取速度。在爽口的同時，又能讓人充分感受到咖啡的美味。

RIVERS

COFFEE DRIPPER CAVE&POND SET

〔規格〕
圓錐形
單孔
1～4杯用

適合進階者

簡約的外形不管多久都看不膩

將釉藥練進陶土中再燒製而成的咖啡濾杯，就像一件藝術品。緊緻的濾杯傾斜角度能帶出咖啡豆的美味。

KINTO

OCT 八角陶瓷濾杯 4人份 白色

〔規格〕
圓錐形
單孔
4杯用

適合進階者

兼具設計感與功能性的濾杯

以八角形為基礎構成的OCT系列。銳利的陰影令人印象深刻，不過濾杯內部為正圓形，並設計得相當好拿下。

Kalita

HA185濾杯

〔規格〕
錐形平底
三孔
2～4杯用

適合初學者

輕巧且耐用性優秀的波佐見燒[2]濾杯

Kalita獨有的波浪濾杯呈錐形，有濾孔的底部則為平底。以白色中帶有透明感的美麗波佐見燒，打造出具高級感的製品。

CAFEC

有田燒[3]錐形花瓣濾杯

〔規格〕
圓錐形
單孔
2～4杯用

適合進階者

花瓣形溝槽能讓咖啡粉像使用濾布般膨脹

濾杯內部的花瓣形溝槽，能在注入熱水時形成空氣層，讓咖啡粉像使用濾布一樣膨脹，在萃取時帶出咖啡豆原有的鮮味。

BONMAC

梯形咖啡濾杯 CD-2B

〔規格〕
梯形
單孔
2～4杯用

因為是單孔式，所以能達到適度悶蒸的效果

適合初學者

廣受初學者到專家支持的濾杯

陶製的單孔濾杯保溫效果好，且具有能穩定進行悶蒸的效果。上頭有小觀察窗，有能在滴濾同時檢查咖啡量的功能，這點也令人開心。

torch

甜甜圈咖啡濾杯

〔規格〕
圓錐形
單孔
1～3杯用

適合初學者

三個講究之處讓咖啡泡得美味

較陡的濾杯角度、較大的濾孔和濾杯內壁的高低差。這三個講究之處，是以沖泡出美味咖啡為目標而打造出的形狀。

用前必須要先預熱。如果沒熱過就直接使用的話，注入的熱水溫度就會下降，無法萃取出所想要的味道。此外，如果使用時太粗魯，可能會破掉；或一不小心撞到，上頭就會出現裂痕，有許多麻煩的情況。

雖然陶瓷濾杯好像有很多缺點，但其實也有很多優點。關於導熱性低這點，只要在使用前確實預熱，就能長時間維持溫度，所以在需要進行多次滴濾時無須預熱數次，十分方便。紮實的重量，讓它不會因注入的水量而滑動，可以準確地注入熱水。此外，跟塑膠濾杯相比，陶瓷濾杯還有著不易染色和變形的優點。塑膠濾杯容易在長期使用後染上咖啡的顏色，對外觀造成一大損害。根據濾杯不同，有時也會在使用時因受熱而微微變形。陶瓷濾杯則幾乎不會被染色或變形，能長時間持續使用。且用得越久，質地和質感上就越有味道，讓人更愛不釋手，這是陶瓷濾杯才有的特點。建議初學者先用慣易於使用的塑膠濾杯後，再挑戰陶瓷濾杯，這是比較不容易失敗的做法。

[2] 產自日本長崎縣波佐見町一帶的陶瓷器，多用於堅固的日用品。

[3] 以佐賀縣有田町為中心燒製的瓷器，別名「伊萬里燒」，在17世紀大量出口到歐洲。被認定為國家傳統工藝品。

Hario

法蘭絨濾布手沖咖啡壺組3人份

〔規格〕
濾布部分：棉製
3～4杯用
濾布的深度約10cm

在自家就能輕鬆進行正統濾布手沖

適合初學者

木製手把

好拿的手把能讓滴濾集中

木製的手把不但好握，也能在注入熱水時確實維持滴濾的位置。

易於注入杯中

滴濾完畢後可以馬上注入杯中

咖啡壺的瓶頸部分也包覆著木製外層。咖啡滴濾完畢後也不燙手，可以馬上注入咖啡杯中。

易於開啟濾布手沖之路的濾布與咖啡壺組

附手把的濾布與尺寸剛剛好的咖啡壺組。裝入咖啡粉時，只要將濾布直接置於咖啡壺上，就能順暢完成前置作業。能在不流失咖啡的酸味、澀味、苦味與醇度的情況下萃取咖啡的法蘭絨濾布手沖，用此方式沖泡的咖啡和其他滴濾方式有著不同的深度與濃醇感。

小泉硝子製作所

三之輪二丁目法蘭絨手沖咖啡壺

〔規格〕
濾布部分：棉製
2杯用

玻璃部分是由職人一個個吹製

適合當禮物

老字號玻璃製造商所生產的逸品

全都是職人手工吹製，也確實考量到了實用性。咖啡壺和寫有咖啡沖泡方式的紙箋一同收納於木箱，也很推薦做為贈禮。

株式會社富士珈機

NELCCO法蘭絨濾布咖啡沖泡器

〔規格〕
濾布部分：棉麻
2～3名用

適合初學者

就算時間不足或初次使用都能泡得美味

從濾布的材質到手把形狀都是為了泡出美味咖啡而生

由「珈琲美美*」創辦人森光宗男監修，手工業設計師大治將典、燕三條地方上廠的職人們耗時兩年所開發的NELCCO。不管是誰來沖泡，都能毫不含糊地享受到美味的法蘭絨濾布手沖。

Kalita

附手把法蘭絨濾布（小）

〔規格〕
濾布部分：棉製
4～5杯用
濾布深度約11cm

正是用柔軟的濾布才泡得出圓潤溫和的風味

適合進階者

可以搭配你喜歡的咖啡壺來使用

因為這款法蘭絨濾布有附手把，可以搭配喜歡的咖啡壺使用。手把部分為不鏽鋼製，不易燙手，也很好保養。能強調出法蘭絨濾布沖泡獨特的甘甜，享受有著溫和滋味的咖啡。

Useful coffee tools

咖啡基本功 080 COFFEE BASICS

能讓咖啡粉膨脹到最大極限的滴濾式咖啡元祖

總有一天要用用看受到咖啡迷憧憬的器具

藉由注水方式與速度變化直接帶出味道的法蘭絨濾布。被稱為法蘭絨的柔軟布製濾袋，雖然在保養上不可不慎重，所以比較適合進階者使用；不過，它能萃取出咖啡中含有甘甜成分的油脂，帶出溫潤且有深度的風味。

* 位於福岡的知名咖啡老店。

Kalita

102-CU 銅製濾杯

把手部分不易變得燙手

〔規格〕
梯形
三孔
2～4杯用

適合進階者

用得越久越有味道的銅製濾杯

導熱濾高的銅製濾杯讓熱水不易冷卻，最適合用於需要分成數次注水的手沖。把手覆有外層，滴濾完成後可以馬上將其提起。

Hario

V60金屬濾杯 紅銅色

彷彿已經使用良久的色澤相當炫目

〔規格〕
錐形
單孔
1～4杯用

適合進階者

輕巧堅固的不鏽鋼製在戶外也很活躍

易於保養又有高耐用性的不鏽鋼濾杯。因為很堅固，所以在戶外也能享用滴濾式咖啡。導熱濾佳，所以使用前需要淋熱水預熱。

Kalita

Wave 波浪濾杯155

適合初學者

〔規格〕
錐形平底
三孔
1～2杯用

能以專用濾紙間泡出有良好平衡的風味

波浪構造能沖泡出沒有雜質且取得平衡的風味

集Kalita獨有技術於大成的濾杯就是這個Kalita Wave波浪系列。形狀和其他的濾杯有很大差異，為錐形加上平底。且必須使用形狀像是杯子蛋糕紙模，有著20個摺邊的專用波浪濾紙。藉此可以減少濾杯與濾紙的接觸面，讓咖啡粉與熱水接觸時產生的二氧化碳確實釋放，達到均衡且無雜質的萃取。

像是馬克杯的形狀

即使是新手也能讓熱水均勻地接觸到咖啡粉整體

注入熱水時多少會有偏移，不過因為此款濾杯為平底，所以能讓熱水通過咖啡粉整體。

eN PRODUCT

coffee dripper

可以放在馬克杯也可以放在咖啡壺上

〔規格〕
圓錐形
單孔
1～4杯用

適合進階者

兼具實用性與漂亮外觀的濾杯

極致簡約的外形，是為泡出一杯美味的咖啡而講究的形狀。可以放在任何容器上，也很容易保養。放在廚房時做為室內擺飾也很美。

ILCANA

Mt. FUJI DRIPPER 富士山造型濾杯

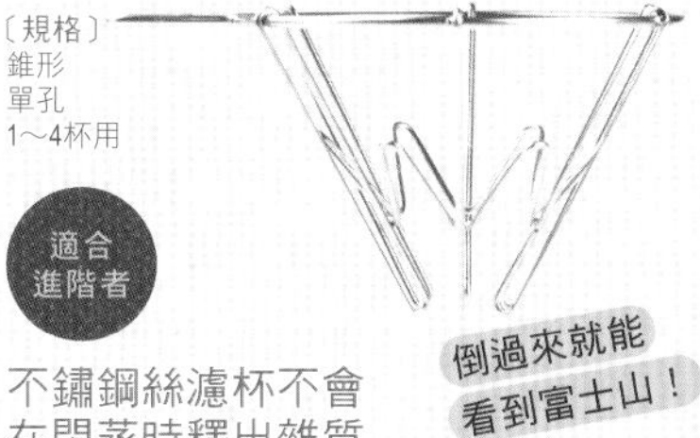

〔規格〕
錐形
單孔
1～4杯用

適合進階者

倒過來就能看到富士山！

不鏽鋼絲濾杯不會在悶蒸時釋出雜質

以富士山為發想，由不鏽鋼絲製成的濾杯。萃取時空氣與氣體釋出的縫隙較多，所以能讓咖啡粉整體在悶蒸時不釋出雜質，萃取出澄澈的咖啡。

GLOCAL STANDARD PRODUCTS

燕子琺瑯濾杯 4.0 / 深藍

因為有溝槽，所以能恰到好處地釋放氣體與空氣

〔規格〕
錐形
單孔
1～4杯用

適合進階者

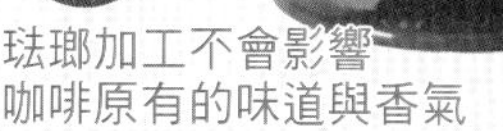

琺瑯加工不會影響咖啡原有的味道與香氣

在不易生鏽的不鏽鋼材質上直接加上琺瑯塗層，非常輕巧且薄。經過琺瑯加工的濾杯，不易讓金屬味滲到咖啡之中。

Useful coffee tools

因為導熱率佳，所以可維持一定萃取溫度

金屬濾杯

導熱性佳且具備高耐用性，不過……

具備高導熱性的金屬濾杯中，以銅製濾杯的導熱性最佳，可防止咖啡釋出雜味，帶出咖啡豆原有的風味。不鏽鋼製濾杯則堅固輕巧，抗鏽蝕能力也很強。但因為價格較高，還請慎重選挑選，避免失敗。

KINTO
CARAT
咖啡濾杯

〔規格〕
錐形
不鏽鋼製濾網
1～4杯用

適合進階者

能長久使用的材質
所具備的功能性與美感

高品質不鏽鋼製濾網與耐熱玻璃外層組合而成，相當酷炫的濾杯。0.3mm的網孔在萃取時不會讓咖啡脂流失。

Hario
金屬濾網
玻璃壺

〔規格〕
錐形
不鏽鋼製濾網
1～4杯用

適合初學者

能保有不鏽鋼製濾網特有的香氣，
萃取出澄澈的咖啡

藉由雙層構造的濾網，能在保有不銹鋼濾網特有咖啡脂的情況下，沖泡出澄澈的咖啡。

Cera COFFEE
免濾紙式咖啡濾杯

〔規格〕
錐形
不鏽鋼製濾網
1～2杯用

適合初學者

網孔大小不同的雙層濾網
能解決免濾紙式濾杯的煩惱

雙層構造的濾網，特別是內側的濾網網孔，僅有極細的0.013mm。內側的網孔可以確實抓住以往免濾紙式濾杯最煩惱的微粉，外側的微細多孔濾網（0.4mm）則能仔細萃取出鮮味成分，當然也能萃取出免濾紙式濾杯特有、恰到好處的咖啡脂。

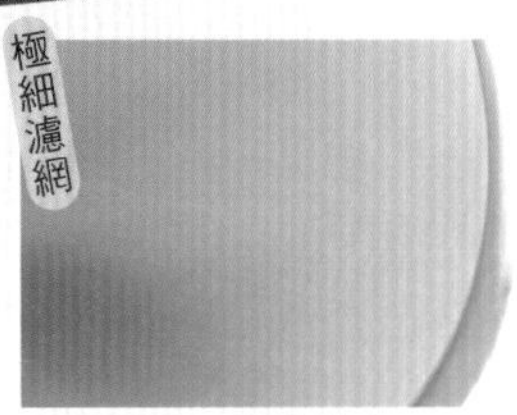

阻絕雜味，留住熱水

能抓住微粉的極細濾網，也能讓熱水恰到好處地留在濾杯內，能悶蒸咖啡粉。

MacMa
不鏽鋼咖啡濾杯

〔規格〕
錐形
不鏽鋼製濾網
1～2杯用

適合進階者

免濾紙式濾杯可以反覆使用，
經濟實惠

可以省去準備濾紙的步驟重複使用，相當經濟實惠。附屬的專用托盤讓人不用煩惱滴濾完畢後的放置場所。

Hario
免濾紙式
黑色濾杯02

〔規格〕
錐形
不鏽鋼製濾網
1～4杯用

適合進階者

萃取出咖啡脂，
泡出不同於濾紙滴濾的風味

不鏽鋼濾網的好處就是能直接萃取出含有鮮味成分的咖啡脂。透過濾杯內的刻度，可以清楚得知所需的杯數需要多少咖啡粉。

cores
黃金濾杯
C245

〔規格〕
不鏽鋼製濾網鍍純金
1～4杯用

適合進階者

將咖啡的美味
帶出到最大極限

肉眼可確認的網孔粗細容易讓微粉釋出，但可以直接萃取出咖啡脂。縱長的網孔利於熱水通過，也不易發生阻塞。

免濾紙式濾杯

能直接享受咖啡原有的風味

以金屬製濾網等直接濾泡咖啡的濾杯。因為不需要使用濾紙，所以滴濾後會產生的垃圾只有咖啡渣。雖然使用完後每次都需要清洗，但不用補充濾紙，或在滴濾前摺好濾紙，省下許多步驟，這點令人開心。

Roksan

附不鏽鋼濾網濾杯

〔規格〕
錐形
不鏽鋼製濾網
1～4杯用

濾紙滴濾泡不出的咖啡豆直接的風味

有著細濾網和粗濾網的雙層構造，能滴濾出不會滿是咖啡粉的咖啡。能輕鬆拆解成三個部分，保養也很輕鬆。

224porcelain

咖啡磁石濾杯組 深藍

能藉由三葉形狀的置物環看出萃取量

〔規格〕
錐形
多孔性質陶瓷濾網
1～2杯用

能去除水中氯味與雜質，萃取出圓潤風味

多孔質性陶瓷具備的遠紅外線效果與極細孔洞能去除水中的氯味與雜質，能萃取出風味圓潤且澄澈的咖啡。

cores

黃金濾網雙層沖泡杯

〔規格〕
錐形
不鏽鋼製濾網鍍純金
1杯用

以高溫短時間萃取能帶出咖啡的味道與特色

擁有耐化學變化純金塗層的濾網，能將對咖啡味道與香氣的影響抑制到最低。此外，也不易發霉或沾染異味，相當衛生。杯子採用讓熱飲不易冷卻的雙層馬克杯，可以長時間享用暖呼呼的咖啡。

蓋子兼具發揮悶蒸效果與當作濾網托盤兩種功能

能抓住微粉的極細濾網，也能讓熱水恰到好處地留在濾杯內，能悶蒸咖啡粉。

Canadiano Japan

木製咖啡沖煮濾器

和木頭香氣一起度過療癒的時光

〔規格〕
錐形
不鏽鋼製濾網
1杯用

適合
進階者

泡出風味不同以往、有著豐富香氣的咖啡

將濾杯放於馬克杯上，放入咖啡粉後再注入熱水，就能沖泡出含有天然木頭香氣的咖啡。共有4種木頭材質，可享受各自不同的香氣。

KINTO

SLOW COFFEE STYLE SPECIALTY 02 經典黃銅手沖咖啡組 4人份

充實的滴濾時光

〔規格〕
錐形
鈦塗層
不鏽鋼製濾網
1～4杯用

適合
進階者

可以更奢侈享受滴濾時光的咖啡組

具份量感的設計與所使用的高品質素材，讓它越用越讓人愛不釋手。濾網部分加上了鈦塗層，讓咖啡不會有多餘的氣味與味道。

Able Brewing

KONE第3代咖啡濾杯

〔規格〕
錐形
不鏽鋼製濾網
1～6杯用

為了達到更良好的萃取，改良了網孔大小與尖端的形狀

第3代濾杯能藉由更細的濾網網孔，延長熱水的停留時間；濾網的尖端部分形狀也變得更平滑，提升了安全性。

和濾紙相比，免濾紙式濾杯的濾網網孔都較粗，可以充分萃取出做為咖啡鮮味成分之一的咖啡脂，確實萃取出咖啡豆原有的滋味。因此更能強烈感受到咖啡的甘甜與酸味。不過，這也有缺點。如果所使用的咖啡豆品質不佳，就會連苦澀味都一起被萃取出來，馬上就知道品質好壞，這點必須注意。所以免濾紙式濾杯最適合用於手上有高品質咖啡豆時。

此外，濾網部分如果堵塞，就會變得無法順暢萃取，因此必須時常保養。還有一點就是，微粉也會一起跑進咖啡裡。不同的製造廠商，會藉由在網孔粗細和形狀上下工夫來減輕這樣的情形，所以是挑選濾杯時要檢查的重點之一。

免濾紙式濾杯如果沒有損壞，稱得上是半永久式用品；因為不需要用到濾紙，所以是經濟實惠又環保的製品。可說是最適合秉持著對咖啡豆的講究來挑選濾杯的人，或想在沒有多餘風味的情況下直接品嘗咖啡的人的選項。

Hario

V60鋁製簡約手沖架

〔規格〕
鋁製
120×136×168 (h)mm

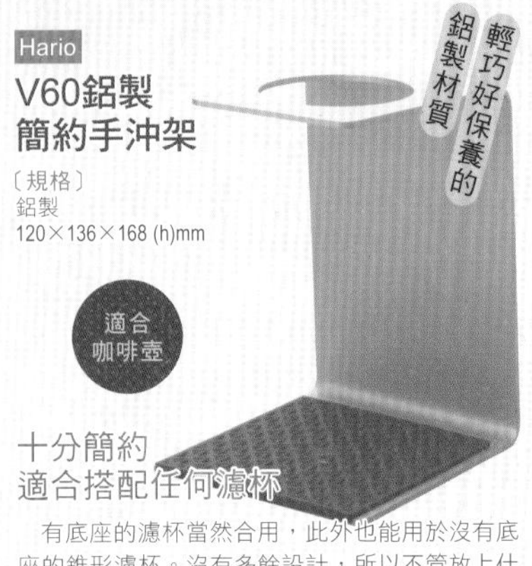

十分簡約 適合搭配任何濾杯

有底座的濾杯當然合用，此外也能用於沒有底座的錐形濾杯。沒有多餘設計，所以不管放上什麼樣的濾杯都很搭，毫無違和感。

Kalita

咖啡手沖架

〔規格〕
鋼製
160×130×180 (h)mm

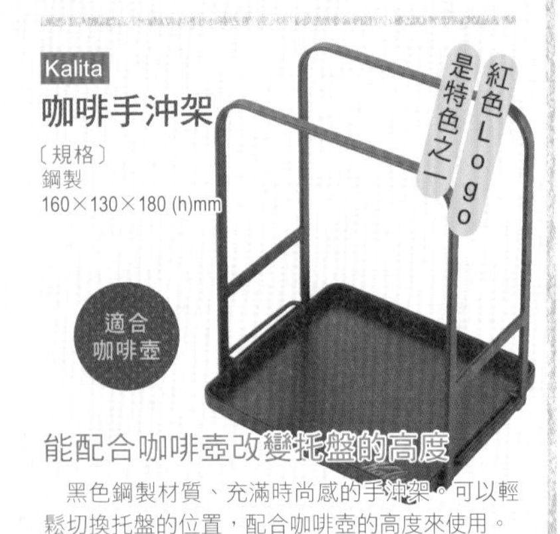

能配合咖啡壺改變托盤的高度

黑色鋼製材質、充滿時尚感的手沖架。可以輕鬆切換托盤的位置，配合咖啡壺的高度來使用。

NPS

不鏽鋼咖啡手沖架

〔規格〕
不鏽鋼製
130×140×140 (h)mm
底座高度95mm

追求功能性沒有多餘裝飾的設計

除了手沖滴濾萃取咖啡時的好用性，也一併在清潔保養方面下了工夫。設計成適合咖啡杯的高度設計，如果弄髒的話，也可以直接用洗碗機清洗。此外，除了腳的部分都是以耐用性高的不鏽鋼製成，並施以能讓刮傷不明顯的髮絲紋加工。各個部分都經過專家親眼檢查，是能讓使用者更自在地進行手沖滴濾的構造。

托盤會承接住剩下的咖啡

滴濾完畢、拿開杯子之後，托盤會接住剩下的咖啡，不用擔心把桌子弄髒。

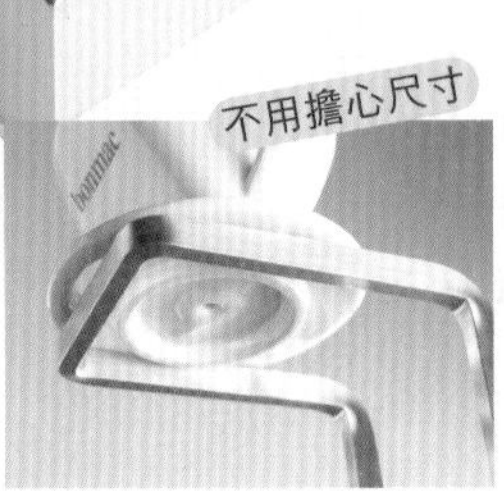

適合所有濾杯的杯架

濾杯的杯架寬65mm，因為適合所有的濾杯，所以也能使用手持式濾杯。

CB Japan

Qahwa咖啡手沖濾架

〔規格〕
不鏽鋼製／天然木（橄欖木）
180×115×235 (h)mm

泡黑色框架與木製底座充滿時尚感

托盤的高低有兩段可調整，從馬克杯到待客用的咖啡壺都可適用。磨砂黑色框架與有著美麗木紋的木製底座的對比，也很適合做為室內擺飾。

cores

咖啡手沖架 C501

〔規格〕
不鏽鋼製／竹子
135×175×325 (h)mm

竹子置的底座與置物環充滿大自然的氛圍

組裝式的咖啡手沖架。能輕鬆組裝，所以暫時不使用時也能拆解收納。置物環的高低能調整。

KINTO

SLOW COFFEE STYLE SPECIALTY 04 鑄職人咖啡手沖架

〔規格〕
不鏽鋼製（鑄造）
124×130×210 (h)mm

相當有男子氣概的黑色外觀，在滴濾時增添帥氣感

鑄造物的厚重感有男子氣概又帥氣。用來放置濾杯的置物環為可動式，根據沖泡需求，從較高的咖啡壺到一人份的馬克杯都能搭配使用。

咖啡手沖架能在自家打造咖啡廳的氛圍

使用咖啡手沖架，在將咖啡直接滴濾到馬克杯中時，能讓萃取量一目瞭然。此外，也可以在沖泡的人身高較高，或桌子高度較低時扮演調節高度的角色。而且也相當有戲劇效果，能在滴濾時享受彷彿專家的感覺。

Useful coffee tools

要正確滴濾所不可或缺的器具

咖啡手沖架

實用性絕佳的經典咖啡壺

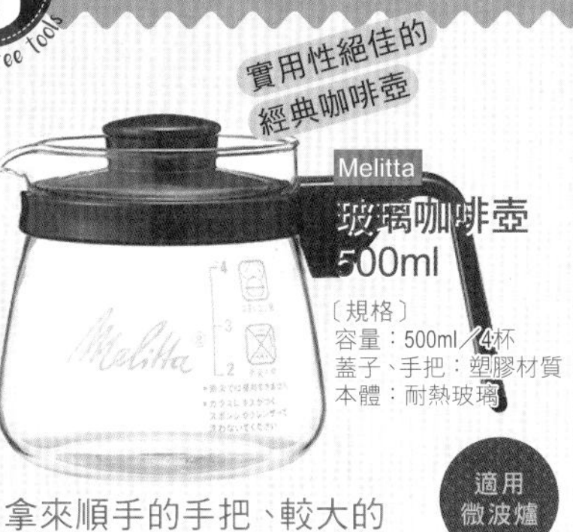

Melitta
玻璃咖啡壺500ml

〔規格〕
容量：500ml／4杯
蓋子、手把：塑膠材質
本體：耐熱玻璃

適用微波爐

拿來順手的手把、較大的口徑等，下了各種工夫

好拿的手把、用濕的手也很好拿住的蓋子，以及清洗時便於將手伸入深處的大口徑等，隨處可見的工夫讓這個咖啡壺的實用性絕佳。

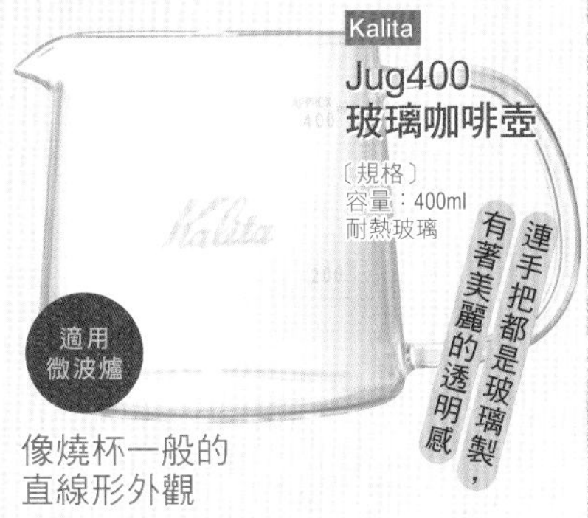

Kalita
Jug400 玻璃咖啡壺

〔規格〕
容量：400ml
耐熱玻璃

連手把都是玻璃製，有著美麗的透明感

適用微波爐

像燒杯一般的直線形外觀

Kalita也推出了最近市面上越來越多、連手把都是玻璃製的咖啡壺。彷彿燒杯般的直線形外觀相當帥氣，也可以用於咖啡以外的飲品。

Hario
V60保溫不鏽鋼咖啡壺600

倒咖啡時只需要按下手柄

〔規格〕
容量：550ml
蓋子、壺嘴、手把：聚丙烯、矽膠材質
本體：不鏽鋼

保溫功能

滴濾完後也能維持溫度與美味

為了能「長時間愉快享受美味咖啡」而開發出的咖啡壺。不鏽鋼製的真空斷熱雙層構造，能在滴濾完畢後也維持溫度。不管是在家，或在需要將熱水煮沸數次、無法清洗東西的戶外，只要有這個咖啡壺，僅僅需要滴濾一次，就持續享用熱騰騰的咖啡。拿下蓋子的話，也可以直接放上濾杯進行滴濾。

顏色可選擇

根據個人喜好挑選顏色

因為不是玻璃製，所以可以挑選自己喜歡的顏色。共有黑、白、紅三色。可以根據所擁有的咖啡器具來搭配。

cores
手作玻璃咖啡壺4人份C504

簡約的點狀刻度

〔規格〕
容量：500ml
本體：耐熱玻璃／
蓋子：天然木（刺槐）

適用微波爐

在注入咖啡時不易讓微粉跑入杯中的形狀

在注入時微微傾斜的話，微粉就會積在圓弧形的側面，所以不會一起被倒到杯中。蓋上蓋子的話也不會有灰塵等其他雜質跑進去。

GLOCAL STANDARD PRODUCTS
GSP咖啡壺500

咖啡壺圓滾滾的形狀相當討人喜愛

〔規格〕
容量：500ml
本體：耐熱玻璃／手把：藤製

耐熱玻璃

捲上藤製外層的手把是恰到好處的亮點

在黑色塑膠製手把與全玻璃製壺身的咖啡壺之中，藤製的溫柔質感相當少見。捲上藤製外層可以防滑，在設計上也增添了亮點。

torch
Pitchii咖啡壺

由職人一個個手工製作

〔規格〕
容量：600ml
耐熱玻璃

適用微波爐

如同飛鳥般的外形藏著一點小祕密

令人越看越喜愛的獨特形狀，可用來計算滴濾量。到凸出的部分為止（約3cm高）為200ml，接著每3cm的高度就是200ml，可做為參考。

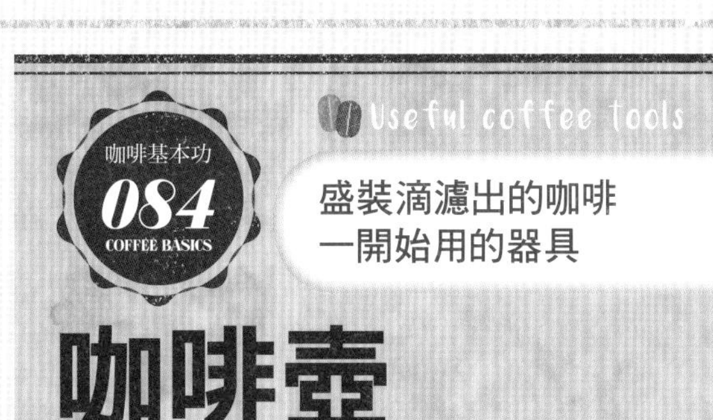

Useful coffee tools

咖啡基本功 084 COFFEE BASICS

盛裝滴濾出的咖啡
一開始用的器具

咖啡壺

需要多杯咖啡時萃取到咖啡壺中就不會走味

用來盛裝所萃取咖啡時必備的咖啡壺。特別是在需要萃取多杯咖啡時，比起萃取到各自的馬克杯中，萃取到咖啡壺中較不會走味，且一次就能萃取完畢，相當有效率。最近咖啡壺的設計也是千變萬化，有許多時尚的款式。

Melitta

經典法式濾壓壺

〔規格〕
容量：300ml
耐熱玻璃

咖啡脂也能直接保留到杯中

濾網可拆解

不管是誰都能沖泡出品質穩定的咖啡

可藉由將咖啡粉浸泡在熱水中的時間來調整為到，只要同一時間與咖啡粉用量，不管是誰都能泡出自己喜歡的味道。

Hario

法式濾壓壺4人用

〔規格〕
容量：600ml（4杯）
本體：耐熱玻璃／蓋子
提鈕：天然木／蓋子、其他部分：不鏽鋼

不鏽鋼手把營造出時尚的氛圍

安心的日本製零件

除了咖啡之外，也能用於紅茶或香草茶

零件全都是日本製造，令人安心且講究的濾壓壺。可以享受原有香氣的法式濾壓壺，當然也能用在紅茶等茶葉飲品上。

ARK TRADING

美式咖啡濾壓壺

〔規格〕
容量：335ml
壺身、容器：Tritan*材質／蓋子：塑膠、不鏽鋼／密封環：矽膠／濾網：不鏽鋼／活塞：鋁、不鏽鋼材質

按壓很有趣

可以清楚看到正在萃取咖啡的樣子

在本體中注入熱水，設置好咖啡粉之後再緩緩按壓，就能看到熱水通過壺中變成咖啡的樣子。

雙層構造的容器能防破裂&保溫

全新萃取方式

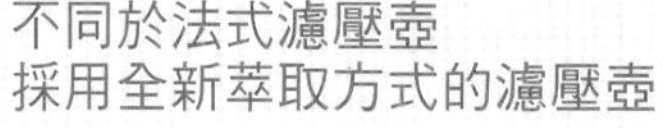

不同於法式濾壓壺採用全新萃取方式的濾壓壺

雖然使用方式和法式濾壓壺幾乎相同，不過萃取方式則有很大差異。以水壓密封在按壓時輕鬆施加壓力，能瞬間縮短注入熱水後的等待時間。100微米等級的極細鋼製濾網，只要清洗就能反覆使用，咖啡粉處理起來也很容易。

BARISTA & CO

法式濾壓壺3人份

〔規格〕
容量：350ml（3杯）
本體：耐熱玻璃／手柄、蓋子：不鏽鋼材質

豐富的外觀能打造出奢侈的時光

附有刻度

咖啡濾壓壺才能享受到的原有風味

不管是誰，都能在無損咖啡的鮮味成分與原有風味的情況下進行沖泡，這點正是魅力所在。

cafflano

KOMPACT 隨身按壓咖啡萃取機

〔規格〕
容量：220ml
聚丙烯、不鏽鋼、壓克力、矽膠

小巧的掌中尺寸

高度6cm

雖然小巧但實力不容小覷的濾壓壺

以矽膠製的蛇腹構造來按壓出咖啡是其特徵。摺疊起來的高度為6cm，非常小巧。也附有收納盒，所以可四處攜帶。

bodum

BEAM濾壓壺

〔規格〕
容量：1L（8杯）
耐熱玻璃、聚甲醛、不鏽鋼材質、聚丙烯、矽膠

外環有兩種顏色

安心設計

考量到使用上是否順手的高功能性設計

設計成就算本體傾倒，也能將流出的咖啡抑制到最小限度，單手也能輕鬆注入咖啡等等，具備了能自在享受美味咖啡的高功能性。

Useful coffee tools

咖啡基本功 085 COFFEE BASICS

用最少的器具就能輕鬆喝到道地咖啡

咖啡濾壓壺

能泡出不同於滴濾式咖啡的味道

在萃取咖啡的器具之中，最簡單的就是咖啡濾壓壺了。只要放入咖啡粉、注入熱水，稍待片刻之後壓下濾網就能沖泡。不管是誰，都能透過這樣簡單的步驟輕鬆沖泡出美味的咖啡，相當優秀。時尚的外觀也是重點之一。

* 一種最新開發的塑料材質，通過美國FDA認證。

Hario

「雫」水滴式冰滴咖啡壺

〔規格〕
容量：5杯用
蓋子·外把手·內把手：矽膠／水滴零件：聚丙烯／過濾器：不鏽鋼　水滴式

一滴滴仔細萃取 無須調整不費工夫

放入咖啡粉後將過濾器設置於咖啡壺上，在上瓶加水後就只需要等待。因為不需調整速度，所以是完全不用費工夫的萃取壺。

Hario

Filter-in 冷泡咖啡瓶

〔規格〕
容量：750ml
瓶口、瓶栓：矽膠／過濾器及外框：聚丙烯／濾網：聚酯　浸漬式

專用過濾網 讓冷萃也很容易

採用能以冷水確實萃取出咖啡原有味道與香氣的專用過濾網。密閉性也很高，即使放在冰箱保存，也不會沾染上其他味道。

iwaki

冰滴咖啡冷萃壺

〔規格〕
容量：440ml
咖啡壺：耐熱玻璃
濾網：AS樹脂／水槽：聚苯乙烯／蓋子：聚丙烯
水滴式

萃取完畢後 能當作咖啡壺蓋

將水槽的蓋子拆下後，也能當作咖啡壺的蓋子，防止灰塵等掉到咖啡壺內。

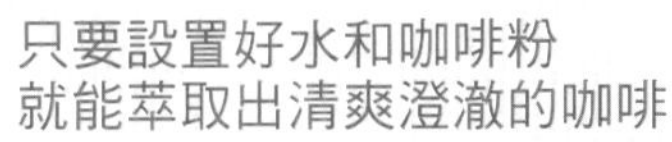

只要設置好水和咖啡粉 就能萃取出清爽澄澈的咖啡

水滴式咖啡壺是一種能輕鬆享用到咖啡的萃取壺。不需要調整水滴速度，只要在水槽中放入水，就為自動開始滴濾。只要在睡前設置完畢，就能在早上馬上喝到一杯清爽澄澈的咖啡。咖啡壺適用於微波爐，所以也能加熱後享用。

BARISTA & CO

Cold Brew Carafe咖啡冷泡壺

〔規格〕
容量：800ml
本體：耐熱玻璃／蓋子、粉槽：不鏽鋼材質　浸漬式

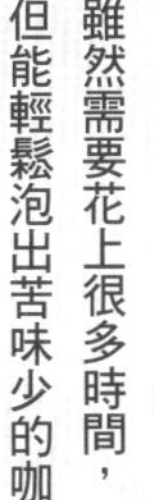

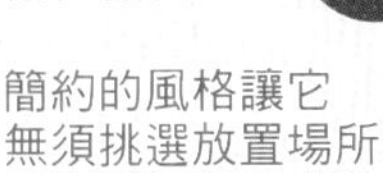

簡約的風格讓它 無須挑選放置場所

耐熱玻璃與不鏽鋼的組合相當時尚。咖啡壺本身的細長外形，讓它能輕鬆收納於冰箱的側門。

RIVERS

STRAINER POT HERON 咖啡冷泡壺

〔規格〕
容量：1000ml（萃取容量750ml）
壺身：耐熱玻璃／蓋子、過濾器：聚丙烯／濾網：尼龍
浸漬式

因為是耐熱玻璃製，也可用於咖啡以外的飲品

耐熱玻璃製的壺身，除了冰滴咖啡之外，也能使用茶葉來沖泡熱茶。過濾器到底部都是濾網，保養起來也很輕鬆。

iwaki

SNOWTOP水滴式冰滴咖啡壺 Uhuru

〔規格〕
容量：400ml
耐熱玻璃、矽膠、不鏽鋼、天然木、黃銅鍍鉻、聚丙烯、聚酯、合板、陶瓷
水滴式

只要調整水滴速度 就能泡出自己喜歡的味道

有著獨特形狀的木製立架十分吸睛。因為能調整水滴速度，所以可以追求自己喜歡的味道。咖啡壺也適用微波爐。

Useful coffee tools

咖啡基本功 086 COFFEE BASICS

在熱咖啡中加入冰塊冷卻已經過時了？！

咖啡冷泡壺

雖然需要花上很多時間，但能輕鬆泡出苦味少的咖啡

用冷泡壺沖泡不易溶出造成苦味的咖啡因，能泡出清爽且口感圓潤的咖啡。用冷水來萃取雖然很費時間，但只要設置好水和咖啡粉，接著就只要等待就好。萃取方式分為水滴式和浸漬式兩種。

Hario

V60可溫控電熱水壺

〔規格〕
容量：800ml

能安全煮出最合適的熱水

水溫可設定於60～96℃之間，最適合滴濾咖啡的細口可以直接用來萃取。具備防空燒功能與自動斷電功能，安全功能完善。

KINTO

Pourover Kettle
手沖壺
4人用

〔規格〕
容量：900ml
本體：不鏽鋼

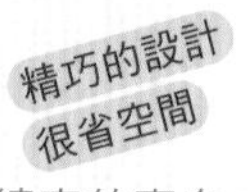

設計縝密的壺身能連最後一滴水都注完

呈現和緩圓弧曲線的壺身，能順暢地注完熱水，手把的握持感也很佳，能確實貼合手指。易於用單手開關，可以毫無壓力地使用。

YAMAZEN

電熱水壺 YKG-C800

〔規格〕
容量：800ml
本體重量：980g（含電源底盤）
熱水壺本體：590g

可調節到能沖泡出美味咖啡的最佳溫度

可在60～100℃之間以1℃為單位微調溫度，能以帶出自己喜歡風味的溫度來沖泡咖啡。因為是電子顯示，所以即使在較暗的場所，設定的溫度等也能一目瞭然，並具備防空燒功能與好握的手柄，易用性絕佳。消光質感的灰黑色也十分帥氣，使用起來令人開心。

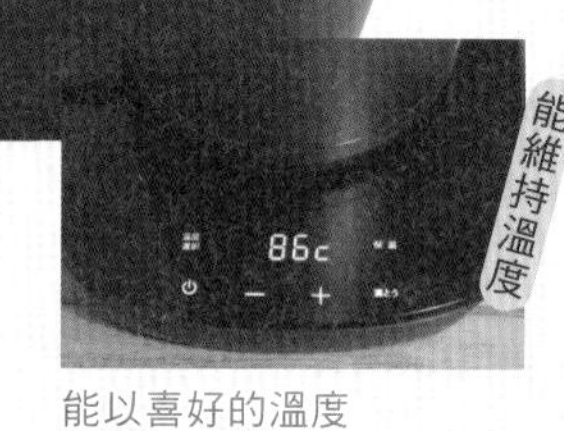

能以喜好的溫度保溫60分鐘

能以設定好的溫度保溫，在要續杯或和家人一同享用等有時間差的情況下也很方便飲用。

月兔印

琺瑯手沖壺

〔規格〕
容量：700ml
本體重量：約420g

出色的職人所打造長期受到愛戴的名品

由熟練的職人經手工作業製作而成的手沖壺，有著光滑的光澤感、曲線外形，以及流線形的注水口等，用起來手感佳，廣受支持達30年以上。

bonmac

Pro咖啡手沖壺

〔規格〕
容量：750ml
本體重量：380g

徹底講究水量調節與注水容易度的熱水壺

注水口的波浪曲線與尺寸、低重心的蓋子、天然木製手柄等等，無一處不講究的終極熱水壺。注水口的曲線辨識度高，且讓熱水不易有亂流。

Kalita

DP1000手沖壺

〔規格〕
容量：1000ml
本體重量：約390g

Made in TSUBAME的高品質滴濾壺

由以金屬加工技術聞名的新潟縣燕市的研磨職人打造而成的滴濾壺，閃耀著美麗動人的光輝。好握的平整手把上，Kalita的刻印是亮點所在。

Useful coffee tools

咖啡基本功 087 COFFEE BASICS

注水的方式左右了咖啡的風味

手沖壺&熱水壺

因為會對風味有絕大影響，還請使用咖啡專用熱水壺

手沖咖啡最重要的其中一點就是控制熱水。咖啡專用的手沖壺或熱水壺有著細長的注水口，易於控制注水的速度與水量。電熱水壺還能以1℃為單位設定溫度，能以最適合咖啡的溫度進行沖泡。

DINEX

8oz 撞色保溫馬克杯

〔規格〕
容量：226ml
聚丙烯

堅固又輕巧，走到哪裡都可以用

有著令人想要蒐集的設計與功能性

撞色與圓潤的外形設計相當有特色。內部加入斷熱材料，保溫效果出色。不易損壞且好保養，也很適合用於戶外活動。

Hario

V60真空不鏽鋼隨行杯

〔規格〕
容量：350ml
本體重量：240g

把好喝的咖啡帶出門吧

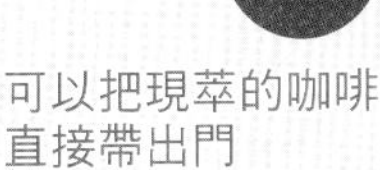

真空雙層構造

可以把現萃的咖啡直接帶出門

拿掉蓋子就能直接放上濾杯滴濾。蓋子上有鎖定開關，移動中時也能用單手迅速開啟飲用。升起的飲用口有著良好口感。

膳魔師

真空斷熱保溫杯 JCP-280C

〔規格〕
容量：280ml
本體重量：約200g

用最佳保溫性能維持住美味

魔法瓶構造

THERMOS

不鏽鋼製魔法瓶構造能保有美味的溫度

具備真空斷熱構造的保溫馬克杯。可以直接將濾杯置於其上滴濾，並能讓泡好的咖啡長時間維持飲用時好喝的溫度。保溫力高，因此很適合用於無法一直重泡咖啡的辦公室等場合。不會凝結水滴，掀蓋式飲用口讓它即使放在書桌上也能安心使用。

開關簡單

掀蓋式飲用口兼具防塵與保溫效果

掀蓋式飲用口能輕鬆開關，在多人的辦公室等地方使用能防止灰塵掉入，也很有保溫效果。

GLOCAL STANDARD PRODUCTS

Double Wall Tumbler / Short 雙層保溫杯

〔規格〕
容量：310ml
不鏽鋼製

拿起來相當順手的曲線杯身

真空雙層構造

簡約的杯體有著良好使用手感

杯緣恰到好處的厚度，讓飲用時的口感更加滑順。真空雙層構造能為裡頭的咖啡保溫，且外側不會變得燙手，能直接手拿。

CB JAPAN

Qahwa聞香咖啡隨行杯

〔規格〕
容量：約310ml
本體重量：約180g

不沾塗層加工

專為咖啡打造的隨行杯

獨創的聞香孔能讓人享受咖啡的香氣

兼具保溫的密閉性與聞香用開放性的隨行杯。杯蓋上有13個聞香孔，即使蓋上杯蓋也能享受到咖啡的香氣。

RIVERS

FLASKER 320 不鏽鋼水壺

〔規格〕
容量：320g
本體：不鏽鋼／蓋子、栓蓋處：聚丙烯、矽膠

客製化也是樂趣之一

真空斷熱構造

從360度的任何地方都能飲用的寬口

較寬的飲用口能在倒入冰塊時，即使傾斜水壺，冰塊也不會被倒出來。不管是誰來使用，都能在簡約的瓶身上貼上貼紙等，享受客製化的樂趣。

不管何時何地都能喝上暖呼呼的咖啡

現萃的咖啡當然很美味，但若要把在家沖泡的咖啡帶出門，或在辦公室長時間保溫，就會需要方便的保溫杯或隨行杯。除了保溫功能外，考量頻繁使用時方便飲用，以及容易保養與否也是重點所在。

Useful coffee tools

選用保溫性佳的杯子來維持咖啡的美味

保溫杯＆隨行杯

RIVERS

COFFEE GRAINDER GRIT 手搖磨豆機

〔規格〕
容量：咖啡豆約20g
不鏽鋼、聚丙烯、聚甲醛樹脂、鐵、陶瓷、矽膠

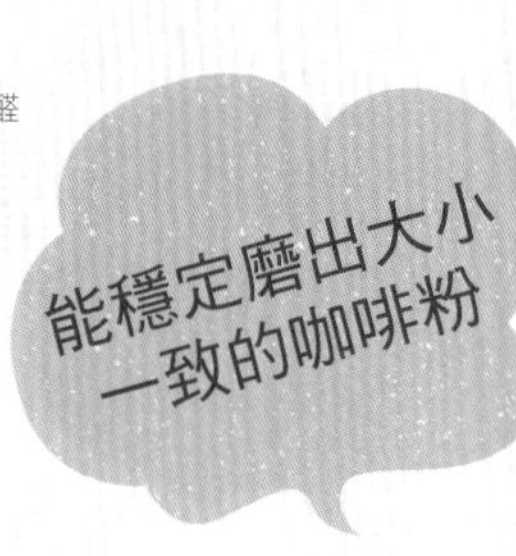

即使手柄較短 還是可以輕鬆手搖研磨

手搖磨豆機給人費時又需要出力，很累人的印象；但RIVERS的GRIT手搖磨豆機的陶瓷刀刃做得較深，每次旋轉手柄時都能捲進更多的咖啡豆，不需要出多餘的力。此外，也很易於保養。陶瓷製的刀刃不會生鏽，所以可以水洗，能常保衛生。也很容易攜帶，除了自家，也可以在戶外品嘗到現磨咖啡。

可以保有顆粒大小 打造穩定的風味

藉由固定的上刃，研磨時刀刃不易產生晃動，能讓咖啡粉的顆粒保有一定大小。陶瓷刀刃也不容易摩擦生熱，不會有損咖啡豆的風味。

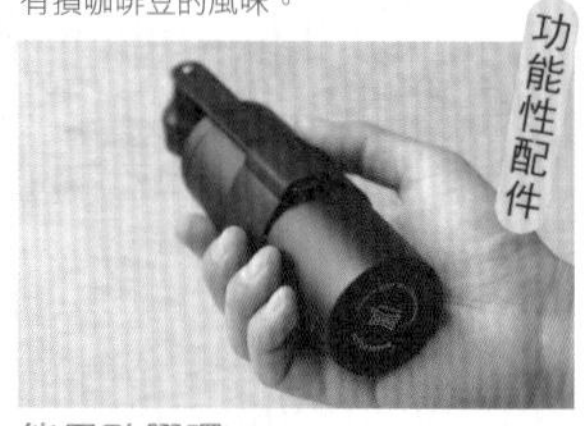

能用矽膠環 將手柄確實固定

只要在收納時將手柄以矽膠環固定，就能快速收納。另外，在磨豆時，矽膠環也有助於握持磨豆機本體。

Kalita

手搖磨豆機 KKC-25

〔規格〕
容量：咖啡豆約25g、咖啡粉約30g
本體重量：380g

能直接整臺清洗 可以常保清潔

陶瓷製刀刃與塑膠機身可以直接清洗。本體的底部附有防滑的矽膠層，能順暢地研磨咖啡豆。

Kalita

手搖磨豆機 KH-3

〔規格〕
容量：咖啡豆35g、咖啡粉55g
本體重量：540g

只要旋轉手柄 就會飄出咖啡香

豆槽為開放式構造，所以容易放入咖啡豆。開始研磨後就會飄出咖啡香，可以看見豆子逐漸減少的樣子，很能感受到親手研磨的實感。

Hario

便利型 手搖磨豆機

〔規格〕
容量：咖啡粉40g
甲基丙烯酸樹脂、聚丙烯、陶瓷、不鏽鋼、矽膠

只要固定在桌上 就能輕鬆研磨

將橫於本體上方的手柄放倒，吸盤就會作動，將磨豆機固定於桌上，穩定進行研磨。就算不使用吸盤，整個底部是以矽膠製作，也不易滑動。

Useful coffee tools

有餘裕時就用手搖磨豆機，忙碌時就用電動研磨機

咖啡的香氣和風味在剛磨好時最佳

研磨好的咖啡粉會隨著時間經過而氧化，香氣也會逐漸散失，而讓味道產生變化。如果要在最佳狀態下沖泡咖啡，最好使用磨豆機自行研磨。而且以咖啡豆的狀態保存，比起咖啡粉更不容易氧化。

電動咖啡研磨機

電動咖啡研磨機 7660JP

〔規格〕
容量：咖啡豆60g
不鏽鋼、AS樹脂

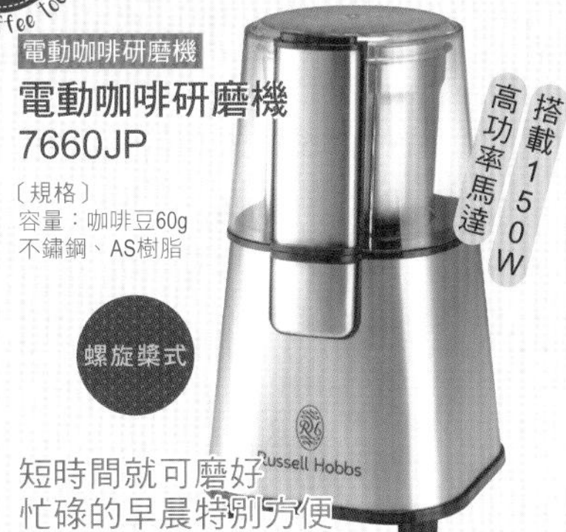

短時間就可磨好 忙碌的早晨特別方便

設計精巧，透過150W高功率馬達，中研磨60g約10秒即可完成。研磨槽為可拆卸式，能在不弄散咖啡粉的情況下移到濾紙中。

Melitta

電動咖啡研磨機

〔規格〕
容量：咖啡豆200g
本體尺寸：
97×160×255(h)mm

只要按下按鈕 就能只研磨所需的量

業務用機器廣泛採用的平刀磨盤，能迅速研磨咖啡豆。杯數也只要按一下就能以旋鈕式刻度設定。可以只研磨所需杯數的量。

Hario

電動膠囊型咖啡研磨機

〔規格〕
容量：咖啡粉30g
不鏽鋼、聚丙烯、AS樹脂

精巧又 安全的設計

開關上附有蓋子，有著不把蓋子蓋上就不會運轉的安全設計。電線可以收納於機體底部，不使用時可以省空間地收納。

De' Longhi

平刀式 電動咖啡研磨機 KG40J

〔規格〕
容量：咖啡豆80g
本體、豆槽、豆槽蓋：ABS樹脂、Tritan樹脂、矽膠／刀刃：不鏽鋼

大容量豆槽為可拆卸式

刻刀式

友善初學者的 簡單操作＆安全設計

將咖啡豆放入豆槽中，壓緊蓋子後就會開始旋轉。可以用壓緊蓋子的時間來調整研磨粗細，初學者也能輕鬆操作。最多可以研磨8杯份的豆子。

Kalita

Nice Cut G 電動咖啡研磨機

〔規格〕
容量：咖啡豆50g
本體尺寸：
120×218×337(h)mm

說到研磨機就是這臺！ 讓人心癢癢的設計

2016年停產的Nice Cut的後繼機種。抑制了因粉碎速度而產生的摩擦熱能，也進行了豆槽容量等細部調整，為了製作出美味的咖啡而改良。

deviceSTYLE

GA-1X特別版 電動咖啡研磨機

〔規格〕
容量：咖啡粉140g
本體尺寸：
110×150×223(h)mm

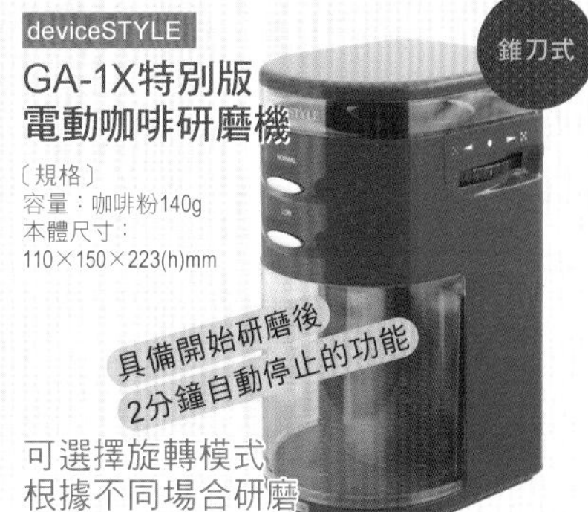

可選擇旋轉模式 根據不同場合研磨

馬達迴轉數分為一般模式與手搖模式，手搖模式會比一般模式的迴轉數低，可降低有損咖啡香氣的發熱。

Hario

V60電動咖啡研磨機

〔規格〕
容量：咖啡豆240g
刀盤：不鏽鋼／豆槽：AS樹脂／本體：ABS樹脂、聚丙烯、矽膠

鬼齒刀盤

能透過44段調節
自由控制咖啡粉粗細

為了一杯美味咖啡 研磨出均勻的咖啡粉

擁有44段粗細調節、能減少顆粒不均的刀盤等，以「一杯美味的咖啡取決於咖啡粉的顆粒大小」為概念打造的正統研磨機。

bodum

BISTRO 電動咖啡研磨機

〔規格〕
容量：咖啡豆220g
本體：ABS樹脂／刀刃：不鏽鋼

錐刀式旋轉速度較慢 較不易發熱

錐刀式研磨機能均勻地研磨咖啡豆，且能降低摩擦生熱對豆子風味帶來的不好影響。就算錐刀中夾入異物，也能透過特殊機構防止損壞。

De' Longhi

電動咖啡碾磨機 KG364J

〔規格〕
容量：咖啡豆250g、咖啡粉110g
本體、豆槽、豆槽蓋子：ABS樹脂、Tritan樹脂、矽膠／刀刃：不鏽鋼

能減少研磨不均的錐型磨盤

錐型磨盤

維持香氣與味道 帶出咖啡原有的美味

錐型磨盤是使用低速迴轉馬達，能在磨豆時將摩擦產生的熱能抑制到最小，不損害到咖啡原有的香氣與風味。同時也能降低噪音，這點很令人開心。

磨豆機大致可以分為手搖和電動兩個種類。手搖磨豆機是透過旋轉手柄，以自己的力量來研磨，所以較費時，不過咖啡粉的顆粒會較為平均。如果熟悉了磨豆機的性質和如何調整，就能針對粒度進行微調，且手搖磨豆機發出的聲音要比電動研磨機安靜得多。豆子被喀拉喀拉磨碎的觸感會傳遞到手中，能實際感受到仔細沖泡一杯咖啡的感覺，也會更期待喝到這杯咖啡。手搖磨豆機的這種戲劇效果，可以為咖啡時光增添一點娛樂性。

電動研磨機的魅力，不用說當然就是它的研磨速度了。一杯份的咖啡豆只要數秒就能研磨完成，即使在忙碌時也能品嘗到現磨咖啡。粒度的調整大多只要用一個按鈕或旋轉旋鈕即可完成。咖啡根據萃取器具不同，各自有合適的研磨度，如果是使用電動研磨機，就能輕鬆研磨成合適的粒度。不管是手搖磨豆機，或電動研磨機，使用完畢後的保養都很重要。如果研磨完後把剩餘的粉末留在機器中，粉末就會氧化，並且會損害到新磨豆子的風味。還請每次都要用刷子等工具將粉末打掃乾淨。

De' Longhi

Icona系列義式濃縮咖啡機 ECO310

〔規格〕
給水槽容量：1.4L
本體尺寸：265×290×325(h)mm
本體重量：4kg

半自動

在有深度的濃縮咖啡中加進相應的厚重感

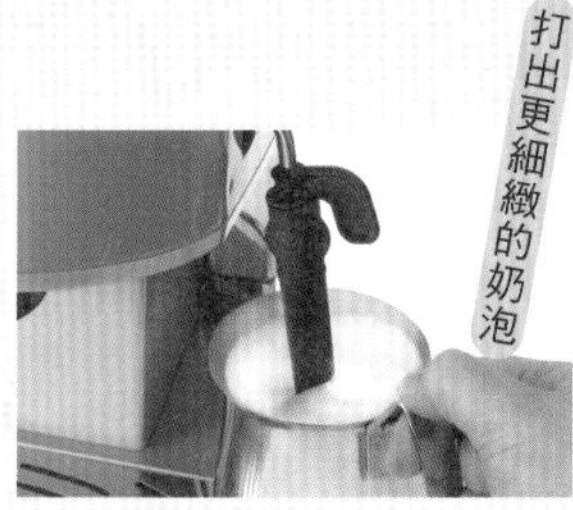

打出更細緻的奶泡

可以輕鬆將牛奶打發成蓬鬆的奶泡

具備雙層構造的蒸氣噴嘴，能輕鬆製作出拿鐵或卡布奇諾等花式咖啡所不可或缺的奶泡。也可以拆下來水洗。

兼具功能性與美感 在家中也能泡出道地濃縮咖啡

讓人彷彿回到1950年代的復古風格設計十分吸睛。充滿高級感的金屬機體為鋼製，除了富有設計感外，耐用性也十分出色。可以同時萃取兩杯咖啡，並適用於咖啡粉與粉莢包。本體上方可做為預熱咖啡杯的托盤，可以事先將杯子溫熱好，不管在何時都能以最佳溫度享受濃縮咖啡。

根據不同情況使用

萃取時可選擇使用咖啡粉或粉莢包

附有咖啡粉與粉莢包各自的專用手把。可以根據不同情況選擇。可以裝上粉莢包的托架則是De'Longhi獨有。

Bialetti

義式咖啡機

〔規格〕
給水槽容量：800ml
本體尺寸：約290×345×210mm
本體重量：約3.3kg

做為室內擺飾也無與倫比的設計

半自動

能配合不同場合萃取 不管何時都能享用濃縮咖啡

適用於咖啡粉、粉莢包與咖啡膠囊3種萃取方式。忙碌的早晨就用膠囊，有餘裕時就用咖啡粉，能配合不同場合進行萃取。

bonmac

濃縮咖啡機 BME-100 DARMAR

〔規格〕
給水槽容量：800ml
本體尺寸：240×250×300(h)mm
本體重量：3.7kg

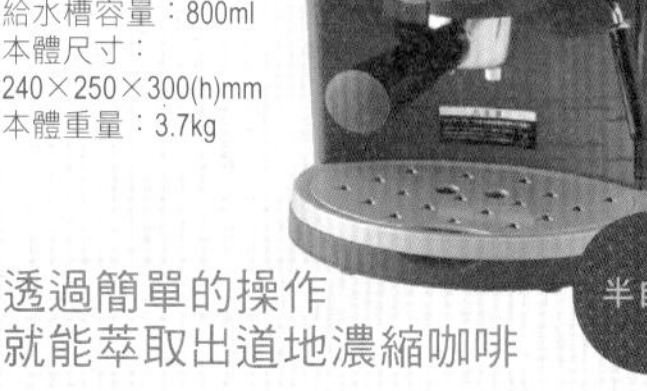

初學者也能輕鬆操作

半自動

透過簡單的操作 就能萃取出道地濃縮咖啡

只要使用蒸氣噴嘴，不管是誰都能輕易製作出奶泡，也能輕鬆享受花式咖啡。適用於咖啡粉、粉莢包與手沖咖啡壺。

De' Longhi

半自動義式濃縮咖啡機 EC680

〔規格〕
給水槽容量：1L
本體尺寸：150×330×305(h)mm
本體重量：4kg

寬15cm的窄機身

半自動

能根據喜好客製化 打造自己的專屬機器

能透過定量設定、3段萃取速度、睡眠模式設定等功能，根據自己的喜好客製化。操作只須透過3個按鈕，相當簡單。

Useful coffee tools

咖啡基本功 090 COFFEE BASICS

搞清楚自己想要什麼功能再挑選咖啡機

濃縮咖啡機

應確認萃取壓力、水槽容量與保養方法

家用濃縮咖啡機絕不是什麼便宜的家電，所以還請慎重選擇。若選擇萃取壓力9bar以上的咖啡機，就能沖泡出有著深厚脂層的濃縮咖啡。接著要配合每次沖泡的量來選擇水槽容量，也希望你能事先確認保養方式是否簡單。

UCC

奶泡機 MCF30

〔規格〕
容量：奶泡70ml，熱牛奶140ml
本體尺寸：約158×132×179(h)mm
本體重量：約1kg

全自動

只要1個按鈕就能製作出3種牛奶

讓自家的咖啡品項拓展得更加豐富

只要按下按鈕，等待約60秒就能製作出熱奶泡、冰奶泡，以及熱牛奶。使用能裝進300ml牛奶的大量專用杯，就能在打發牛奶後直接加入咖啡中飲用。杯子內側採用了不沾塗層，易於保養。不管是低脂牛奶、豆漿等，全都能使用，能大大增加在自家享用的咖啡品項。

可以拆卸

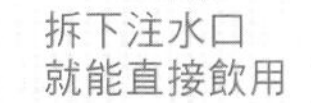

拆下注水口
就能直接飲用

注水口在用來將打發的奶泡注入其他杯子中時十分方便。想用專用杯子直接喝時也可以拆卸下來，不會妨礙飲用。

3D咖啡拉花也很簡單

極為細緻的奶泡
可用來挑戰3D咖啡拉花

只要按下按鈕就可以製作出奶泡，所以也能輕鬆製作出適用於3D咖啡拉花的較硬奶泡。

BARISTA & CO

奶泡器

〔規格〕
容量：400ml
本體尺寸：
71×85×215(h)mm

上下攪拌型

可用微波爐加熱

用雙層式奶泡器能打出細緻的奶泡

裝入牛奶後只要上下攪動就好。奶泡器為雙層設計，所打發的奶泡相當細緻。就算使用冰牛奶，也能以微波爐加熱。

Kalita

手持電動奶泡器 FM-100

〔規格〕
連續使用時間：30秒
本體重量：約115g

能打出有綿密泡沫的奶泡

手持奶泡器

放入牛奶裡之後只需要按下開關

手持型的奶泡器。放入裝於杯中的牛奶後，只要上下緩緩移動15～20秒，就能完成奶泡。使用專用托架就不用煩惱放置場所。

Hario

拿鐵奶泡雪克杯

雪克杯型

〔規格〕
容量：卡布奇諾2杯份（使用70ml牛奶）
本體尺寸：72×173(h)mm

30秒
就能搖出蓬鬆奶泡

細網孔的濾網是搖出極細奶泡的祕密

將冰牛奶加入至杯中的刻度處，蓋好濾網與上下杯後，搖晃20～30秒即可完成。打發的牛奶也可以微波加熱，用於熱飲上。

用奶泡來讓咖啡的品項更加多元

若想要打造自家的咖啡菜單，奶泡器就是必需品。奶泡器分為手動與電動兩種，若需要時常製作蓬鬆的奶泡，用電動會比較輕鬆。除了卡布奇諾和拿鐵外，還可以製作可可亞、抹茶拿鐵，或進一步挑戰最近流行的3D咖啡拉花。

Useful coffee tools

如果想要製作3D咖啡拉花
推薦使用電動奶泡器

奶泡器

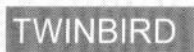

虹吸咖啡壺

咖啡基本功 092 COFFEE BASICS

Useful coffee tools

能沖泡出毫不含糊且穩定的味道

彷彿身處古早的咖啡廳般等待時間慢慢流逝

在咖啡的萃取方法中特別吸引目光的虹吸式萃取。利用蒸氣壓力讓熱水跑進上下容器內的方法，就像是一場理科實驗，令人樂在其中。且沖泡出來的咖啡在味道上不會有閃失，能泡出穩定的風味。萃取時冒出的香氣也是魅力之一。

bodum

PEBO 虹吸咖啡壺

〔規格〕
容量：1.0L
本體尺寸：約255×148×275(h)mm
本體重量：約742g

能充分帶出咖啡的香氣與醇度

自發售以來經過60年以上，設計幾乎未曾改變過，長期受到喜愛的咖啡壺。能享受虹吸咖啡壺特有、咕嚕咕嚕煮沸熱水及萃取咖啡的樣子。

TWINBIRD

電動虹吸咖啡壺

〔規格〕
容量：480ml（4杯份）
本體尺寸：約255×180×325(h)mm
本體重量：約1.8kg

正是電動式才有的紮實安全功能

電源線採用了磁吸式插頭。就算不小心鈎到線也能輕鬆拆下，不怕把咖啡壺拉倒，能安心使用。

雖然構造簡單但是以高品質製造

雖然咖啡機趨向多功能化、細分化，但也有不少咖啡迷深愛著從古流傳至今的製法。為了這些人們而打造，提供他們仔細煮沸熱水後，能緩緩看著咖啡萃取過程的時光，便是電動式虹吸壺。因為是電動式，無須準備酒精燈的步驟，能輕鬆使用。

Hario

經典虹吸咖啡壺3人份

〔規格〕
容量：3杯用
本體尺寸：160×95×333(h)mm
本體重量：約1300g

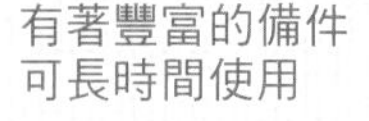

有著豐富的備件可長時間使用

支撐起專家風味的Hario虹吸咖啡壺，其玻璃上下座可單獨購買，如果弄壞或弄丟，就能更換新的繼續使用。

bonmac

金把手虹吸咖啡壺TCA-3GD-BM

〔規格〕
容量：3杯用（360ml）
本體尺寸：160×95×333(h)mm
本體重量：725kg

能度過豐富的咖啡時光

托架上的金色與有深度的木製把手，為這個虹吸壺帶來奢華的高級感。可在等待咖啡萃取的時間中更加奢侈地欣賞演出。

Hario

迷你虹吸咖啡壺

〔規格〕
容量：1杯用（120ml）
本體尺寸：138×38×188(h)mm
本體重量：約540g

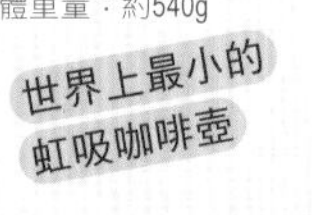

只為了充泡一杯咖啡而打造的奢侈器具

世界上最小的虹吸壺能讓一杯咖啡更有價值，並且確實沖泡出美味。酒精燈可置於不鏽鋼製托架中，提升安全性。

bodum

ePEBO 電動虹吸咖啡壺

〔規格〕
容量：1.0L
本體尺寸：約200×232×375(h)mm
本體重量：約1.7kg

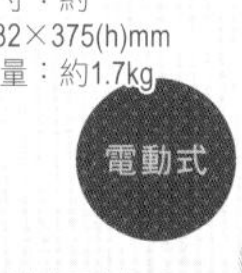

不須使用濾布保養起來很輕鬆

採用能半永久使用的樹脂濾網，在保養上壓倒性地簡單。具備自動關閉功能與保溫功能，能更加安全且輕鬆地享受虹吸咖啡。

發明工房

「煎上手」烘豆器

〔規格〕
容量：5～6杯份
本體尺寸：130×320×65(h)mm

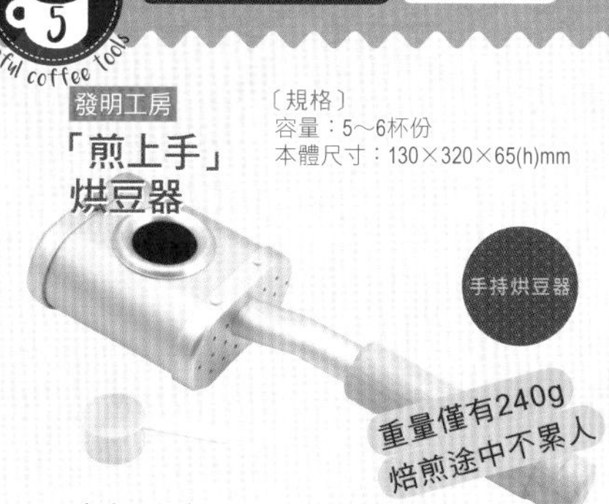

底部的突起可以達到均衡的烘焙

底部絕妙的突起會讓生豆自轉、公轉，能讓所有豆子都均衡地充分焙煎到。本體的蓋子可以拆下，能時常清理、常保清潔。

UNIFLAME

營火烘豆器

〔規格〕
容量：50g
本體尺寸：約160×320mm（使用時）、約160×65mm（收納時）

戶外用品品牌才有的收納性、堅固性與安全性

因為是以在營火上使用為前提，手把部分可以兩段伸縮。使用火焰無法通過、能轉換熱能的特殊耐熱網，將烘焙不均的情況降到最低。收納起來很省空間，四處攜帶也很輕鬆。

肥前吉田燒

PRIVATE ROASTER 咖啡烘豆器

〔規格〕
容量：100～150g
本體尺寸：約155×320×60(h)mm

考量易使用性的設計

在呈光滑圓形的陶器正中央，開有一個孔的簡約焙煎器。即使放在廚房也不會有違和感，設計相當討喜。和手把與放咖啡豆的部分一體成形的烘豆器不同，木製手把在烘焙時不會變得燙手。此外，在透過上方的孔洞確認烘豆狀態的同時，豆子也不會飛出來，在設計上下足了工夫。除了咖啡豆，還可以用來焙煎茶葉等。

可拆下手把收納

木製手把可輕鬆從本體上拆下，清洗時也很好保養。不使用時則可拆解收納。

Panasonic

智慧烘豆機

〔規格〕
容量：50g
本體尺寸：130×238×342(h)mm
本體重量：4.6kg

能與智慧手機APP連動 彷彿家有烘豆師

機體上的控制按鈕只有一個，其他設定則全都在iOS專用APP上。用APP讀取定期配送來的生豆，就能以專家所設想好的設定進行最佳烘焙。

Hario

復古咖啡豆烘焙機

〔規格〕
容量：50g
本體尺寸：264×139×190(h)mm
本體重量：約1700g（含箱體）

烘焙的程度一目瞭然

利用酒精燈加熱耐熱玻璃球進行烘焙，一眼就可看出烘焙到什麼程度，更容易依自己的喜好來烘豆。可以享受悠閒的烘豆時光。

Behmor

Behmor1600plus 烘豆機烤箱 日本規格

〔規格〕
生豆容量：445g
本體尺寸：450×320×270(h)mm
電壓：100V 15A

沒有焙豆經驗的人只要用上幾次就能烘出美味咖啡豆

直接以直火烘焙生豆的直火式烘豆機能達到均勻烘焙，易於帶出咖啡豆原有的味道與香氣。具備自動冷卻功能，會在烘焙完畢後自動冷卻。

自家烘豆是終極的咖啡講究之道

咖啡豆在烘焙完畢後就會開始氧化。如果能在自家烘焙，就能享用到真正新鮮的咖啡；不過，以手持烘豆器來烘焙到自己喜歡的程度，必須具備技術與經驗。你可以一邊嘗試錯誤，一邊品味製作自己專屬原創咖啡的樂趣。

Useful coffee tools

咖啡基本功 093 COFFEE BASICS

取得最新鮮的咖啡豆 在自家烘焙

烘豆機

量測工具

咖啡基本功 094 COFFEE BASICS

對美味的咖啡而言 正確的量測不可或缺

咖啡粉的量、水量、溫度、時間應該量測的項目意外地多

在咖啡用的量測工具之中，希望你首先要有的就是量匙。量匙可用來量測咖啡的份量，易於讓咖啡的濃度維持固定。如果要正確量測萃取時間與萃取量的話，數位電子秤非常方便。以機械量測能萃取出更穩定的風味，不用只憑感覺。

Hario

V60手沖咖啡電子秤

〔規格〕
本體尺寸：120×190×29(h)mm
電子秤+計時顯示

美味的咖啡會先經過正確計量

可以正確量測咖啡粉的量、悶蒸時間、萃取時間與萃取量等等，想沖泡出穩定味道時的必要項目。可與V60 Drip Station手沖咖啡架搭配使用。

Kalita

銅製量杯(大)

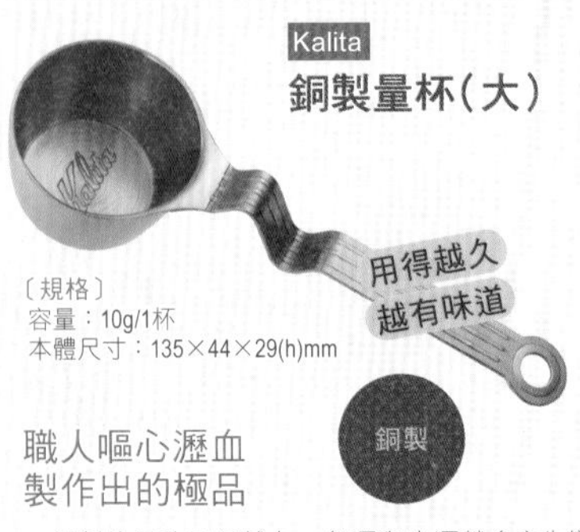

〔規格〕
容量：10g/1杯
本體尺寸：135×44×29(h)mm

職人嘔心瀝血製作出的極品

銅製的量匙用得越久，色澤與光澤就會產生變化，有天便會成為自己專屬的器具。洗鍊的光澤與光滑的外形之中，包含了職人的技術與驕傲。

Acaia

Pearl 智慧型電子秤

〔規格〕
本體尺寸：160×160×30(h)mm
①計量模式②計時+計量模式③自動計時模式④滴濾模式⑤自動補正模式

只要使用APP就能記錄與共享咖啡的萃取食譜

這個電子秤最大的特色就是APP的「咖啡祕笈（Brewing Print）」功能。能詳細記錄濾杯、咖啡豆種類、熱水與咖啡粉的比例等等。還能進一步記錄熱水的注入時機，並在之後進行修正，製作出自己專屬的食譜當作參考。也能藉由將自己的沖泡方式視覺化，來降低手沖滴濾時的味道差異，是相當出色的產品。

以0.1g為單位計量

可放上濃縮咖啡機的濾網把手

計量面有16cm，相當寬敞，所以也能放上濃縮咖啡機的濾網把手，直接裝著咖啡粉以0.1g為單位進行計量。

Kalita

滴濾壺專用溫度計

〔規格〕
本體尺寸：約39×150mm

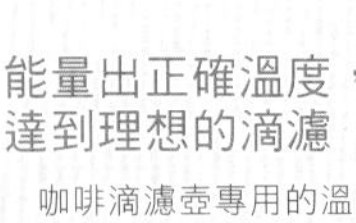

能量出正確溫度，達到理想的滴濾

咖啡滴濾壺專用的溫度計。設置於壺口後，等待約15～20秒即可測量。可用夾子固定於咖啡壺邊緣，刻度盤也很好讀取。

CASUAL PRODUCT

茶&咖啡溫度計

〔規格〕
本體尺寸：約31×141mm

能輕鬆測量熱水和牛奶的溫度

只要插進裝有熱水或牛奶的容器上，就能測量溫度。可用所附的夾子進行固定，如此就不用擔心滑落。沒有要使用時就放於專用的保護盒內。

Hario

V60計量匙銀色

〔規格〕
容量：12g（磨好的咖啡粉=1杯）
本體尺寸：96×53×35(h)mm

充滿Hario風格的設計令人想要擁有

把手處呈箍狀，可用掛勾等吊起來收納。波浪狀的設計，相當有Hario V60系列的風格，令人想要買來用用看。

CASUAL PRODUCT

磨豆機清潔刷

〔規格〕
本體尺寸：190mm（全長）

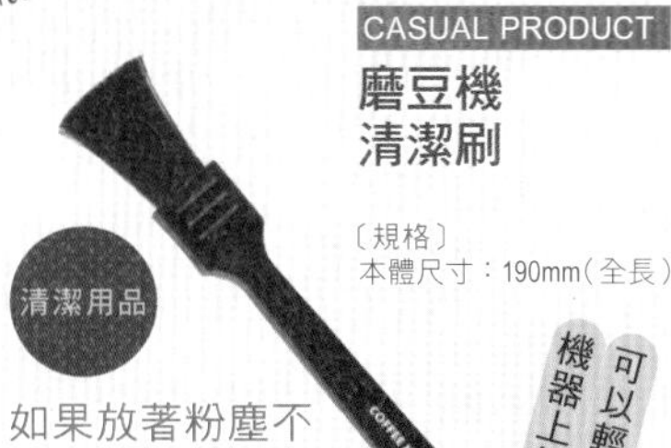

清潔用品

可以輕鬆去除機器上的粉塵

如果放著粉塵不管，將會有損風味

即使將磨豆機用水洗過，機體和刀刃上還是容易累積咖啡粉與灰塵。這個薄型刷子可用來清潔無法觸手可及的縫隙，可説是清潔利器。

Kalita

清潔刷

〔規格〕
本體尺寸：17×17×190mm

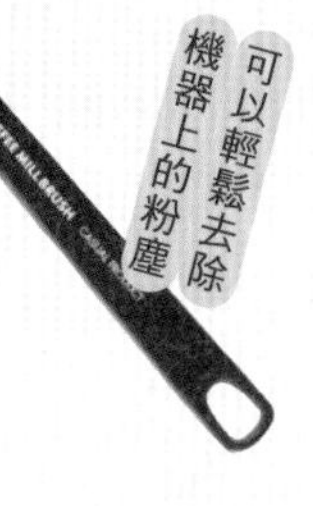

清潔用品

把殘留在容器上的髒汙通通變乾淨

也有附屬的刷子刷不到的地方

雖然大多數磨豆機都會附上清潔刷，但也會有因為刷子太小而搆不著，或可能會弄髒手等種種煩惱。如果有這把刷子的話，就可以用柔軟的豬鬃刷毛來清掃邊邊角角。

eN PRODUCT

coffee filter holder

〔規格〕
本體尺寸：100×38×62(h)mm

果然「Simple Is Best」

利於收納

在簡約的設計之中隱藏了功能性

簡約且沒有多餘設計的濾紙架，有著可以收納於廚房間隙中的優點。因為只有框架，所以也不用擔心會積灰塵，相當易於保養。且具備能讓濾紙不會直接接觸到桌面等的構造，衛生方面也無須擔心。

利於收納

收納濾紙的方式可以自由決定

設計上僅以框架構成，可以配合收納場所與濾紙大小，以自己喜歡的方向收納濾紙，這點也很討喜。

野田琺瑯

TUTU M 保存筒

〔規格〕
容量：1.0L
本體尺寸：116×116×115(h)mm

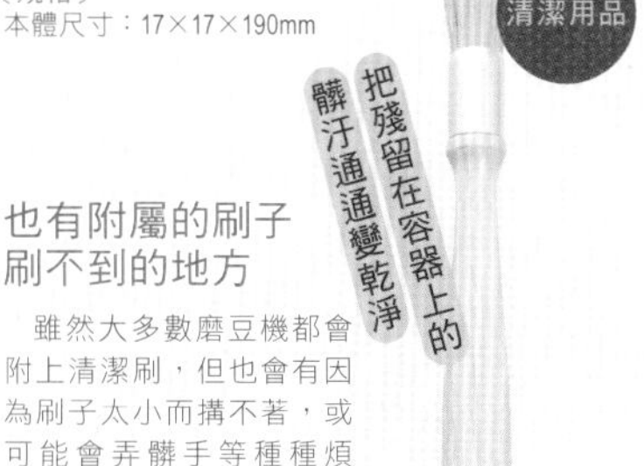

讓咖啡的香氣不流失

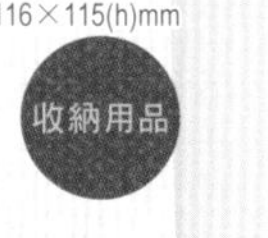

收納用品

雙層蓋子能防潮濕或防乾燥

藉由琺瑯蓋與密封蓋的雙層構造，隔絕咖啡的大敵——濕氣。因為能避免香氣散失，所以放入冰箱保存時也OK；且能水洗，相當衛生。

ZERO JAPAN

咖啡密封罐 150

〔規格〕
容量：150g
本體尺寸：約105×126(h)mm

收納用品

Made in Japn的優良品質

不透光的陶瓷罐身

日本產陶器製的密封罐有著優良的密閉性，以及不透光的罐身，可以防止咖啡豆裂化。其保存性能也受到美國知名咖啡連鎖店青睞。

Kalita

BB咖啡豆保存瓶（L）

Beans Bottle 簡稱BB

〔規格〕
容量：900g（咖啡豆約320g）
本體尺寸：88×88×222(h)mm
本體：鈉鈣玻璃／蓋子：矽膠

收納用品

從蓋子的形狀可感受到Kalita的講究之處

將牛奶瓶的形狀直接用於咖啡豆保存瓶。蓋子的形狀也重現了牛奶瓶的瓶蓋，能感受到設計上的講究之處。

咖啡粉和器具都要慎重保存

咖啡粉是一種意外纖細的東西，如果沒有保存得當，風味和味道馬上就會流失；所以，放入密閉性高的容器中冷藏保存是基本常識。而磨豆機、咖啡機等器具，為了能延長使用時間，保養也是必要的。針對無法水洗的零件，如果有清潔刷的話就能輕鬆清潔。

Useful coffee tools

咖啡基本功 095 COFFEE BASICS

時常清潔咖啡器具是延長使用時間的祕訣

清潔・收納用品

GSI

不鏽鋼錐形咖啡滲濾壺 8人份

〔規格〕
容量：1200ml
本體尺寸：11.5×17(h)cm
本體重量：0.9kg

超級經典的咖啡滲濾壺

約8杯用

古典的圓錐外形可用來妝點露營場景

除了玻璃製的提鈕，其他部分全採不鏽鋼製，輕巧且耐用性佳。圓錐形的設計洋溢著古典但時尚的氛圍。

獨自野營的話用這個就很夠！

DOD

泡麵、咖啡還是我 RC1-468

〔規格〕
容量：約1L（煮食器）、約20g（磨豆機）
本體尺寸：約118×133(h)mm
本體重量：約433g（含配件）

附磨豆機

大容量煮食器也能用於調理咖啡以外的食品

戶外用具追求的就是輕盈、小巧且堅固。附有經過硬質陽極氧化加工的鋁製滲濾器。非常輕巧，且有卓越的耐用性與耐磨損性。拿掉滲濾器，就能用煮食器調理袋裝麵等。獨自野營或四處漫遊時，只要用這個就能解決三餐和咖啡了。

現磨現喝

附有小巧的陶瓷製磨豆機

附有磨臼部分為陶瓷製的磨豆機，所以在戶外也能享受到現磨的道地咖啡。

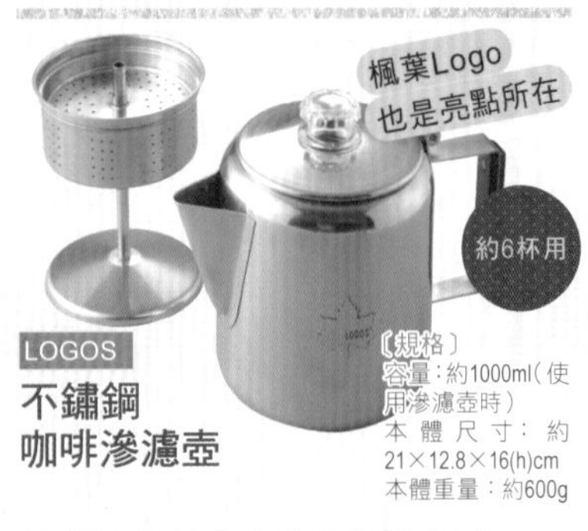

楓葉Logo也是亮點所在

約6杯用

LOGOS

不鏽鋼咖啡滲濾壺

〔規格〕
容量：約1000ml（使用滲濾壺時）
本體尺寸：約21×12.8×16(h)cm
本體重量：約600g

恰好適用於家庭和團體的尺寸

抗鏽蝕能力強的不鏽鋼製滲濾壺。最適合和家人或朋友一同露營時使用的6杯份。咖啡滲濾壺要一次煮多一點才好喝。

Petromax

琺瑯咖啡滲濾壺

〔規格〕
容量：約1.5L
本體尺寸：約15×15×21.5(h)cm
本體重量：約1kg

引以為傲的優秀設計

約9杯用

能享受香氣馥郁的咖啡

琺瑯的光澤感和有著曲線的外形，讓它榮登最帥氣的咖啡滲濾壺。大容量適合多人露營使用。有黑白兩色可選擇。

Coleman

不鏽鋼咖啡滲濾壺Ⅲ

〔規格〕
容量：約1.3L
本體尺寸：約12×23×17(h)mm
本體重量：約630g

讓人在家出外都想用

約5杯用

能一直持續使用的耐用性與設計

除了本體之外，內部的濾槽和不鏽鋼材質也很堅固。蓋子的握柄部分可以單獨購買，如果有汙損的話，能買來替換後繼續使用。

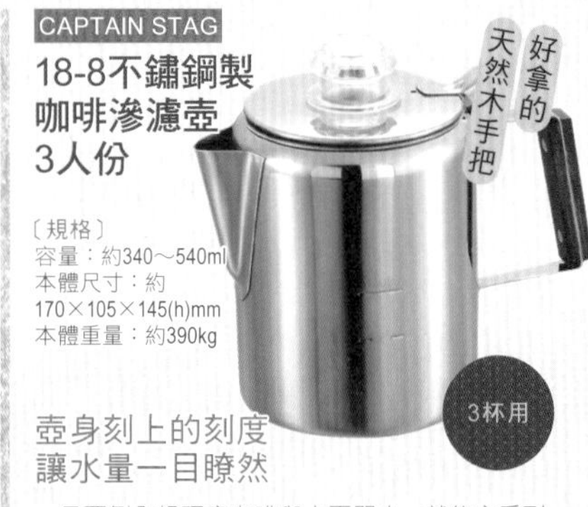

CAPTAIN STAG

18-8不鏽鋼製咖啡滲濾壺 3人份

〔規格〕
容量：約340～540ml
本體尺寸：約170×105×145(h)mm
本體重量：約390kg

好拿的天然木手把

3杯用

壺身刻上的刻度讓水量一目瞭然

只要倒入粗研磨咖啡與水再開火，就能享受到咖啡。壺身刻上了刻度，所以即使有汙損也不會看不清楚。

Useful coffee tools

咖啡基本功 096 COFFEE BASICS

戶外用具

用精簡的工具和步驟萃取出咖啡

很有露營風格的狂野風味

在露營等野外活動的場合，咖啡也變得不可或缺。和日常不同，在大自然中飲用咖啡是一種極致奢侈的時光。提到在戶外也能萃取咖啡的器具，非咖啡滲濾壺莫屬。使用方式相當簡單。只要在咖啡壺內倒入

Esbit

不鏽鋼咖啡壺

〔規格〕
容量：約240ml
本體尺寸：約108×110(h)mm（收納時）
本體重量：約300g

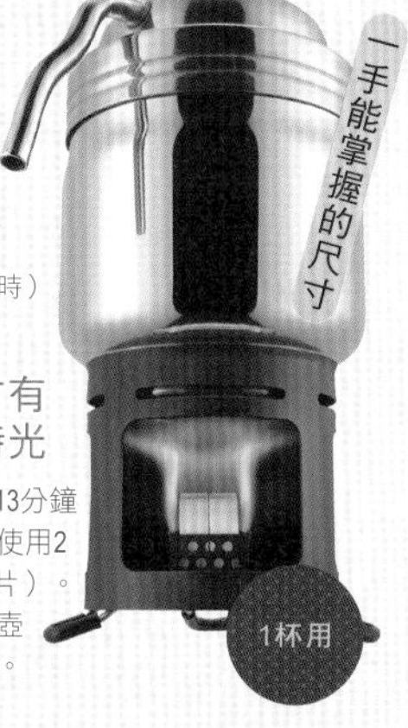

野外活動時才有的悠閒等待時光

開火後只要12～13分鐘就能萃取出咖啡（使用2個Esbit的固體燃料片）。瓦斯爐架也能收進壺內，省空間好攜帶。

Highmount

STARESSO 手動咖啡壺

〔規格〕
容量：1杯份
本體尺寸：約205×68×68(h)mm
本體重量：約450g

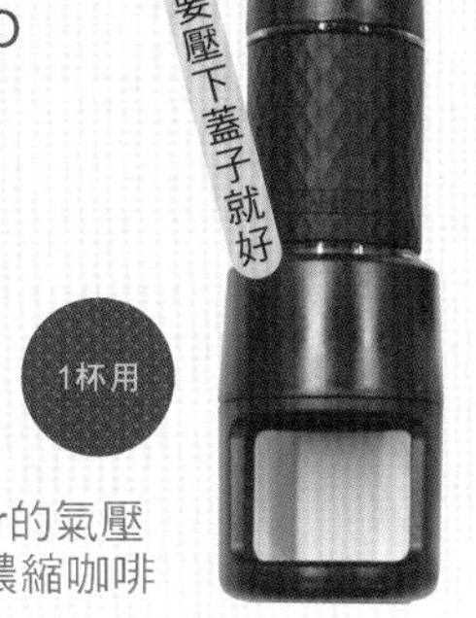

用15～20bar的氣壓萃取出道地濃縮咖啡

將咖啡粉與熱水設置好後，只要壓下蓋子就能輕鬆泡出濃縮咖啡。也可以製作奶泡，沖泡卡布奇諾等花式咖啡。附有專用咖啡杯。

LOGOS

看得到！濃縮咖啡機

〔規格〕
容量：約350ml
本體尺寸：約18×11.5×21.5(h)mm
本體重量：約800g

用小瓦斯或登山爐都OK

約3杯用

清洗也很簡單

透明的壺身可直接看到萃取情形

本體部分採用透明咖啡壺，可以看到像虹吸咖啡壺般湧出咖啡的瞬間。除了濃縮咖啡之外，只要調節放入粉槽中的咖啡粉的量，就能沖泡出一般咖啡。開火後等待壺內咖啡湧出的興奮感，能為你的咖啡時光更添樂趣。

可以拆解成不同部分

能輕鬆拆解成不同部分，使用完畢後就能好好清洗乾淨，常保清潔。

Bialetti

義式摩卡壺 2人份

〔規格〕
容量：120ml
本體尺寸：約8×14×14.5(h)cm
本體重量：約290g

長存半個世紀以上世界各地愛用的經典款

能輕巧簡單地沖泡出濃縮咖啡的義式摩卡壺，也有許多喜愛在戶外使用的粉絲。尺寸從1杯用到18杯用都有，範圍相當廣。

Kalita

New Country 不鏽鋼手沖咖啡器 102

〔規格〕
容量：2～4杯份
本體尺寸：130×130×190(h)mm
本體重量：700g

也具備悶蒸效果的灑水壺

2～4杯用

注入熱水之後就只須等待

在濾杯上設置好濾紙與咖啡，就放上灑水壺，一口氣注入熱水。可以省去分開注水的功夫，是相當方便的咖啡滴濾器具。

cafflano

多合一咖啡器

〔規格〕
容量：450ml（隨行杯）、270ml（滴濾壺）
本體尺寸：約直徑9×19.5(h)cm
本體重量：470kg

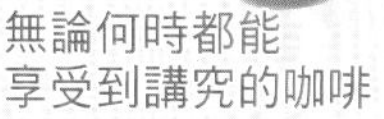

無論何時都能享受到講究的咖啡

磨豆、萃取咖啡所需的道具全都收納在其中。除了在戶外使用，一人生活時如果有這個，就能喝到美味咖啡。

水，開水煮至沸騰後先暫時離火。將咖啡粉設置於所附的粉槽中，再次開火，接著就只要等待咖啡被萃取到喜好的濃度即可。咖啡滲濾壺的蓋子提鈕是透明的，可以從此處檢視咖啡的顏色，確認味道。一開始使用時，為了找出自己喜愛的味道，還請先在泡到變成濃濃茶色時喝喝看，如果味道較淡，下次就再延長開火的時間，逐步進行調整。

咖啡滲濾壺適用粗研磨的咖啡粉。如果使用細研磨咖啡粉，就容易從孔中落下混進咖啡哩，這點還請注意。直火式濃縮咖啡器也很受到歡迎。不只外形時尚，也很適合襯托露營場景。此外，最近漸漸受到歡迎的還有按壓式的濃縮咖啡萃取器。設置好熱水和咖啡粉後，只要按壓即可完成，相當簡單。不需用火且小巧省空間，在四處漫遊、可帶的行囊不多時很能派得上用場。許多戶外用具製造商也發售了可折疊式濾杯，讓你在露營時也能享受到滴濾咖啡。不過，和咖啡滲濾壺相比，滴濾咖啡的濾紙準備和萃取前的步驟可就費事得多。

Hario

V60新世代智慧手沖咖啡機

〔規格〕
容量：2～5杯
本體尺寸：24.5×12×29(h)cm
本體重量：2kg

不受限制地重現接近手沖滴濾的風味

有「自動」和「我的配方」2種模式可供選擇

藉由控制手沖滴濾的重要元素──「水溫、水量、速度」，重現手沖滴濾風味的咖啡機。「自動模式」可選擇萃取溫度（3段）和滴濾速度（2段），接著就能自動萃取。「我的配方」（My recipe）模式則能進行萃取時的水溫、水量和時間的詳細設定，能萃取出自己喜歡的味道。「我的配方」能保存4種配方數據，能讓你配合心情和咖啡豆種類進行萃取。

像是淋浴般注入熱水

因為有9個萃取口，所以熱水會像是淋浴一般地溫柔注入。停止時水流也會切斷，不會滴滴答答地滴水。

相當省空間所以能聰明設置

俐落的外形也有很高的裝飾性，不用為放置場所苦惱。放在廚房以外的地方也能很搭。

Melitta

ALLFI咖啡機 SKT52

〔規格〕
容量：2～5杯
本體尺寸：
310×146×293(h)mm
本體重量：1.7kg

不管給水或清洗都很輕鬆的可拆卸式水槽

淨水濾網

專為美味咖啡打造的功能與合理設計

Melitta的單孔萃取、無須加熱保溫的保溫咖啡壺、能去除水中99%以上的氯的淨水濾網，搭載許多能毫不費力萃取出美味咖啡的功能。

Melitta

LKT-1001 美式滴濾咖啡機

〔規格〕
容量：1.4L
本體尺寸：
180×235×345(h)mm
本體重量：約1.7kg

在簡約之中有著實在的功能

真空雙層構造

不鏽鋼製保溫咖啡壺不會將咖啡煮焦能將美味保留到最後一刻

不鏽鋼製的真空雙層構造咖啡壺保溫性能佳，一泡好就能為你保溫。可拆卸的擺動式濾網和防滴漏功能也讓人無須擔心衛生問題。

APIX

Drip Master 自動手沖咖啡機

〔規格〕
容量：350cc
本體尺寸：約
168×168×290(h)mm
本體重量：約0.9kg
（不含AC轉接頭）

能維持合適溫度的給水槽

360度旋轉

以前所未有的獨特構造追求手沖滴濾

給水槽會以每分鐘3圈的速度360度旋轉，藉此重現手沖滴濾。熱水會以穩定的速度從直徑0.9mm的3個滴濾孔中均勻注入咖啡裡。

Useful coffee tools

咖啡基本功 097 COFFEE BASICS

正因為有著多樣化的功能
所以才讓人能好好思考自己的風格

仿手沖滴濾式咖啡機

不用費工夫就喝得到美味咖啡

在自家沖泡出美味咖啡的最佳方法，應該就是手沖滴濾了吧。只要改變注水方式或濾杯，就能沖泡並享受到自己專屬的最棒咖啡。不過，要進行手沖滴濾，還是要花時間和心力才行。想喝到美味的咖啡，

Wilfa SVART Precision

WSP-1 北歐滴濾式咖啡機

〔規格〕
容量：1.25L（10杯份）
本體尺寸：360×210×360(h)mm
本體重量：約3.7kg起～

大膽的設計能讓家中的氛圍為之一變

世界冠軍咖啡師監製！不惜全力投入技術開發

來自咖啡王國挪威的時尚咖啡機。由世界冠軍咖啡師監製，實現不亞於專業手沖滴濾的美味。以1420W高功率，維持最適合咖啡的92～96度水溫來萃取。配合水量調整旋鈕，機器就能調整為最佳速度，讓任何人都能享用到讓專家相形失色的道地咖啡。（WSP-1B）

光是放在那邊就能散發出壓倒性的氛圍與存在感

透明搭配鋁製的酷炫氛圍與實用性兼備，來自北歐的時尚設計。獲得多項設計大獎，存在感出眾（WSP-1A）。

感測到次氯酸鈣*就會自動停止

流經水槽到萃取口之間的熱水管，有時會被自來水中所含的次氯酸鈣阻塞。這台咖啡機能自動感測次氯酸鈣，提醒你該保養了。

* 常用於消毒自來水的藥品。

膳魔師

真空斷熱壺咖啡機 ECH-1001

〔規格〕
容量：1.0L
本體尺寸：約240×245×365(h)cm
本體重量：約3.4g

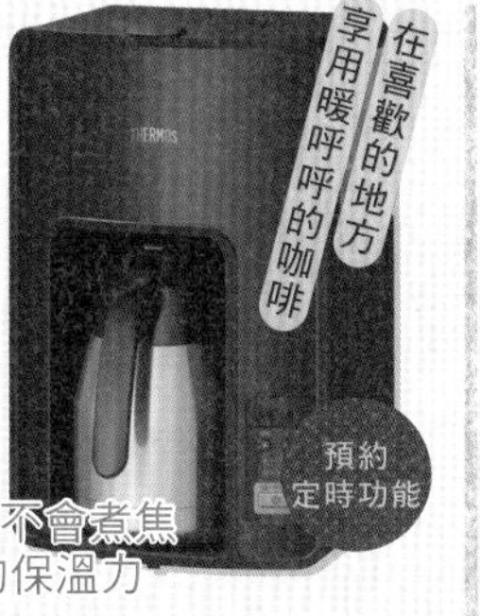

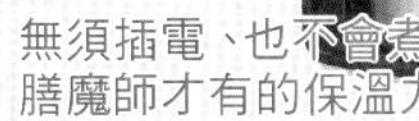

無須插電、也不會煮焦 膳魔師才有的保溫力

直接將咖啡萃取到有著高保溫／保冷力的真空斷熱構造咖啡壺中，即使不插電也能維持熱度，不用擔心煮焦。在廚房萃取完後就能拿到喜歡的地方享用。

Kalita

ET-102 電動咖啡壺

〔規格〕
容量：5杯
本體尺寸：134×217×244(h)mm
本體重量：1.4kg

當成禮物也令人開心

Aroma Shower

誰都能輕鬆使用的經典款

萃取時能以Aroma Shower細水柱均勻地注入咖啡粉中，以Kalita式三濾孔迅速滴濾出咖啡的美味之處。能以低廉的價格獲得道地的美味。

Hario

V60咖啡王咖啡機

〔規格〕
容量：2～5杯
本體尺寸：約230×240×327(h)mm
本體重量：約2.6kg

悶蒸功能

看得到萃取過程的獨特風格

將萃取出美味咖啡的條件內建於程式中，只要配合杯數按下悶蒸鈕，就能自動萃取出接近手沖滴濾的風味。

但又沒有多餘時間和功夫的人，就要仰賴咖啡機的存在了。不過，咖啡機也有明顯的進化，變得越來越多樣化。無論是講究注入咖啡粉中的水量或時機，或具備除氯及配方保存功能等，根據製造商不同，各機種都具備了有特色的功能或配備。價格範圍也很廣，可能讓人會不知道該以什麼做為選擇標準才好。考慮購入咖啡機前，首先思考自己想喝到什麼樣的咖啡、最重視的點是什麼，如此就能縮小咖啡機種類的選擇範圍。就算一時衝動購入多功能的高價位咖啡機，若無法物盡其用的話就沒意思了。還請不要讓難能可貴的器具被浪費掉。

一提到咖啡機，大多數人的腦海中，應該還是會浮現把濾紙和咖啡粉設置於濾杯中，將咖啡萃取到咖啡壺裡的類型。這種咖啡機的萃取方式基本上與手沖滴濾式相同。藉由機械萃取，讓溫度和水量不會有閃失，可以萃取出均勻的咖啡。如果是喜愛手沖滴濾的人，推薦你試著在忙碌時使用咖啡機、有餘裕時再用手沖滴濾，依據不同情況分別使用。

虎牌

ACQ-X020 咖啡機

〔規格〕
容量：0.54L
本體尺寸：約22.6×19.9×29.8(h)cm
本體重量：3.1kg

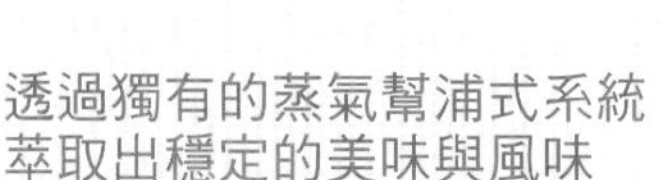

在家也能享用
以職人手藝沖泡的
奢侈咖啡

蒸氣幫浦式

智慧型操作

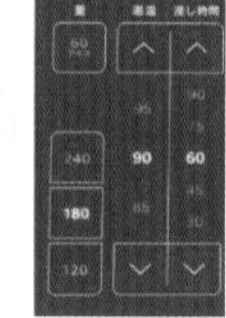

只要輕觸即可操作的觸控式面板

只要操作位於機體頂端的觸控式面板，就能進行各種設定。因為是觸控式，所以只要輕觸即可，不須多花力氣。

適合不同場合

可以根據咖啡豆種類與心情選擇多達15種風味設定

有3段萃取速度、5段浸泡時間，所以設定多達15種組合。也可以選擇萃取量，也能萃取冰咖啡專用咖啡。

透過獨有的蒸氣幫浦式系統萃取出穩定的美味與風味

以加熱過的蒸氣力量壓出咖啡，通過濾網後再注入杯中的獨有「Tiger Press」蒸氣幫浦系統，能帶出咖啡豆原有的味道，沖泡出宛如專業咖啡職人所泡出的風味。採用鈦塗層濾網，連咖啡的油脂都能萃取出來。具備有刻度的可拆卸式水槽與可動式托盤等，易於使用的可操作性，讓你舒適度過每天的咖啡時光。

De'Longhi

滴濾咖啡機 ICMI011J

〔規格〕
容量：0.81L
本體尺寸：
170×230×285(h)mm
本體重量：2.2kg

消光金屬外殼 高級又有智慧感

滴濾式

能帶出香氣的香氣模式

設計上也很出色的咖啡機。切換到香氣模式的話，就能一邊悶蒸咖啡，一邊間歇萃取。能強烈帶出咖啡的香氣。

DOSHISHA

SOLUNA Quattro Choice

〔規格〕
容量：480ml（咖啡壺）、800ml（果汁壺）
本體尺寸：約
150×320×410(h)mm
本體重量：約3.5kg

混合式咖啡機

滴濾式

一鍵就能製作咖啡冰沙

混合咖啡機與攪拌機功能的咖啡機。除了咖啡冰沙之外，也能製作果昔等健康飲品，適用的品項範圍廣泛。

deviceSTYLE

Brunopasso PCA-10X

〔規格〕
容量：1.3L
本體尺寸：約
196×240×420(h)mm
本體重量：約2.9kg

上方水槽會煮沸至適當溫度後再萃取

滴濾式

從根本修正基本動作的高規格

藉由實現過去難以做到的手沖滴濾適當水溫與速度，來防止雜味並萃取出鮮味成分。也能以適當溫度保溫，使咖啡不易劣化。

Useful coffee tools

咖啡基本功 098 COFFEE BASICS

金屬濾網特有的
獨特風味令人上癮

免濾紙式咖啡機

與濾紙分別使用 享受不同的風味差異

免濾紙的咖啡機使用金屬製濾網過濾，能帶出咖啡的油脂，直接品嘗到咖啡豆原有的味道。也有許多可兼用濾紙的機種，有著能根據心情和咖啡豆不同分別使用的優點。

siroca

錐型磨盤 全自動咖啡機 SC-C111

〔規格〕
容量：0.54L
本體尺寸：約16×27×39(h)cm
本體重量：約4kg

打造從容不迫的咖啡時光

錐型磨盤研磨機

只要設置好咖啡豆 接下來就交給它了

一大早就能被現泡咖啡的香氣喚醒。能將這樣的生活化為現實的就是這台咖啡機。內建預約定時功能，可在自己想要的時間喝到現磨＆現泡的咖啡。研磨方式為無段自由設定，可以調整出自己喜歡的味道。不管是在忙碌的早晨，或在因工作疲憊的夜裡，只要事先定時，就能來一杯現泡咖啡，創造出從容的片刻。

讓香氣更濃

用錐型磨盤仔細研磨

摩擦產生的熱能少於以往，也能維持咖啡粉的粒度。採用這種錐型磨盤，就能沖泡出香氣更濃的美味咖啡。

自動計量

無須自行──計量

豆槽一次可以放入最多100g左右的咖啡豆，並根據杯數計算好用量後研磨。可以省去量咖啡豆的步驟。

jura

ENA Micro 1

〔規格〕
水槽容量：1.1L
本體尺寸：
23×44.5×32.3(h)cm
本體重量：8.8g

獲得許多設計獎項

錐刀式研磨機

世界最小級別咖啡機 泡出的世界最高品質咖啡

只要一鍵就能沖泡出完美咖啡的極致小巧機種。操作簡單，且有能封存香氣的香氣保存罩等，隨處可見講究之處。

Panasonic

蒸餾式咖啡機 NC-R500

〔規格〕
滴濾容量：約680ml
本體尺寸：約
24.5×17×30(h)cm
本體重量：約2.3kg

用活性碳濾網去除水中氯味

W滴濾功能

改變沖泡方式 就能讓變化更豐富

咖啡豆能分兩階段研磨，且能一鍵設定三種不同的沖泡模式。藉由組合咖啡粉的粒度和沖泡方式，能萃取出各種不同的變化。

Vitantonio

全自動咖啡機 VCD-200

〔規格〕
滴濾容量：600ml
本體尺寸：約
178×305×288(h)mm
本體重量：約2.6kg

萃取4杯份 約需5分鐘

平刀式研磨機

只要設置好咖啡豆和水 按下一鍵就能開始萃取

將以平刀式研磨機現磨的咖啡粉，以能帶出鮮味的濾網及悶蒸功能萃取出濃濃香氣。並以不鏽鋼咖啡壺保溫，少量飲用也能維持溫度。

Useful coffee tools

咖啡基本功 099 COFFEE BASICS

想要擁有現磨的特權就不能錯過研磨機二合一咖啡機

自動研磨咖啡機

不需多費工夫 就能喝到美味現磨咖啡

咖啡在研磨過後鮮度就會急速下降，並漸漸失去風味和香氣。如果有合研磨機為一體的咖啡機，就不需要花時間自行研磨，不管何時都能享受到新鮮的咖啡。也有研磨度設定、定時等各式各樣的功能。

雀巢日本

NESCAFÉ Dolce Gusto Genio 2 Premium 膠囊咖啡機

〔規格〕
容量：1L
本體尺寸：
16.5×25.7×29.6(h)cm
本體重量：2.7kg

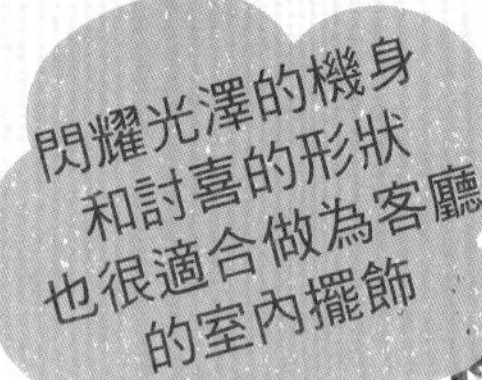

15種
以上膠囊

操作性出眾的自動關閉模式

能享受15種以上咖啡品項的「NESCAFÉ Dolce Gusto」。從現泡時香氣明顯的一般咖啡，到卡布奇諾、可可、宇治抹茶等咖啡以外的品項也相當豐富。只要將膠囊表面印字的刻度對準機器的刻度，壓下萃取鈕即可。約1分鐘就能完成萃取！完全不需要困難的操作或調整，不管是誰都能沖泡出美味咖啡，正是膠囊咖啡機最大的優點。

美味的證據就是能泡出明顯脂層

能以最大15bar的高壓幫浦萃取，泡出如同道地咖啡館般的纖細脂層。細緻的脂層口感也令人愉悅。

直接丟掉膠囊後再沖洗就OK

萃取完畢後將咖啡膠囊拆下，用完的膠囊可以直接丟掉。只要將咖啡膠囊架以水沖洗後就結束。

Nespresso

Essenza Mini 膠囊咖啡機

〔規格〕
容量：約0.6L
本體尺寸：8.4×33×20.4(h)cm
本體重量：2.3kg

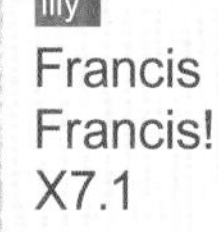

24種咖啡膠囊

2種杯子尺寸

Nespresso史上最小、最輕量咖啡機

Essenza Mini的輕量，足以讓你隨心情輕鬆改變放置場所。不過，在功能和萃取出的咖啡上可是毫不妥協。不管何時都能享受一杯極品咖啡。

illy

Francis Francis! X7.1

〔規格〕
容量：1L
本體尺寸：
28×28×31(h)cm
本體重量：5kg

充滿個性的設計能讓家裡變得時尚起來

奶泡功能

大容量水槽也可供多人使用

也很適合做為客廳擺飾的設計。只要按下一個按鈕就能泡出濃縮咖啡，也能製作奶泡，沖泡出卡布奇諾等花式咖啡。

UCC

DRIP POD DP2

〔規格〕
容量：0.75L
本體尺寸：
13×28.8×
22.4(h)cm
本體重量：2.8kg

也能以咖啡粉沖泡一般咖啡

適用紅茶與綠茶

有許多能舒適使用的功能

正面橫幅僅有13cm的省空間設計，可以輕鬆設置於任何地方。萃取聲音安靜，後續整理也很簡單。只要一臺就能沖泡咖啡、紅茶和綠茶。

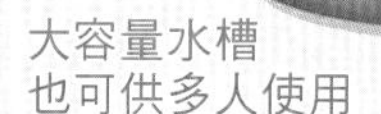

Useful coffee tools

咖啡基本功 100 COFFEE BASICS

豐富的品項與簡單程度是膠囊咖啡機的強項

膠囊咖啡機

膠囊咖啡有優點但也有缺點

已成為經典的膠囊咖啡機。除了能泡出一般咖啡與濃縮咖啡以外，也能以幾乎全自動的方式泡出咖啡歐蕾、卡布奇諾等豐富的咖啡品項，這是其最大的特色。使用方式驚人簡單，只要將

illy

Francis Francis! X9

〔規格〕
容量：0.7L
本體尺寸：
12.3×26.9×26.7(h)cm
本體重量：約5kg

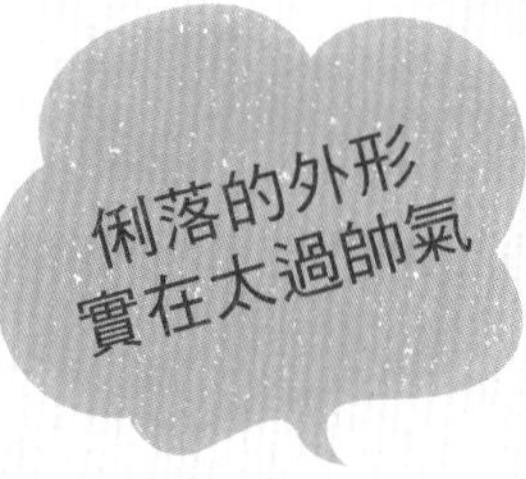

窄機身

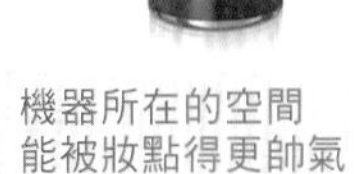

機器所在的空間能被妝點得更帥氣

橫幅僅有約12cm的極窄機身，讓人不用煩惱放置場所。流線型的機身，將它所到之處都轉變為充滿智慧感的氣氛。

以最大15bar的幫浦沖泡出滑順脂層

能以最大15bar的壓力迅速萃取。也能輕鬆泡出滑順的脂層。能享用到酸味與醇度平衡良好的完美濃縮咖啡。

不管是誰都能輕鬆品嘗到完美的濃縮咖啡

充滿高級感的消光黑鋁製機身和獨特的外形，洋溢著充滿未來感的氛圍。按鈕也精簡到最少，不管是誰都能聰明操作。注入杯中的量有一般濃縮咖啡或Lungo*兩種可選擇。本體中心部分可裝入使用完畢的膠囊，最多可裝10顆。不用一個個將膠囊取出，相當省工夫，在忙碌的早晨也可根據人數輕鬆萃取所需的咖啡，這點值得打上高分。

* 以一般量2倍的水拉長萃取時間的濃縮咖啡。

WACACO

Mini Presso GR LG12-MP 隨身濃縮咖啡機

〔規格〕
容量：約70ml
本體尺寸：
60×175×70(h)mm
本體重量：約350g

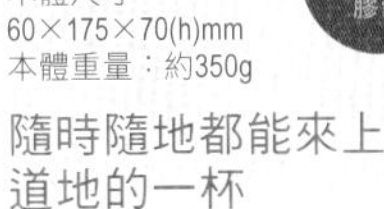

隨時隨地都能來上道地的一杯

設定好膠囊和熱水，壓下活塞桿，就能泡出濃縮咖啡。完全不需要電源、壓縮機等，在戶外活動或旅行時都相當方便。

BREWSTAR

Keurig Neo Trevor

〔規格〕
容量：1000ml
本體尺寸：
18.4×31.9×27.7(h)cm
本體重量：約3.2kg

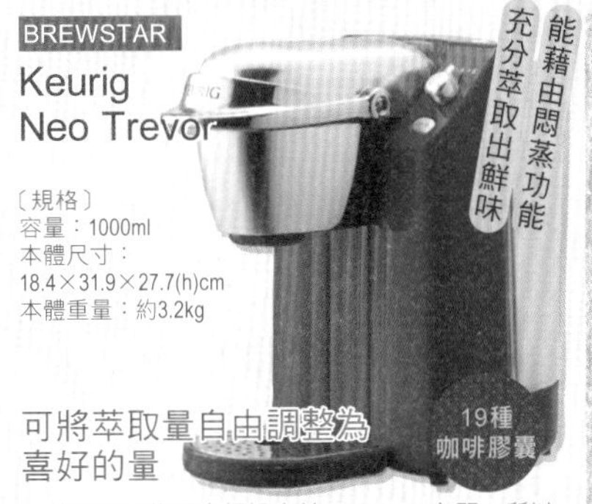

可將萃取量自由調整為喜好的量

萃取量可依照喜好設定於70～170ml之間，所以可以根據心情來沖泡花式咖啡。杯臺的高度可以調節，用小杯子時咖啡也不會濺出。使用的是K-Cup咖啡膠囊。

Nespresso

Prodigio

〔規格〕
容量：0.7L
本體尺寸：
12.5×38×25.5(h)cm
本體重量：約2.9kg

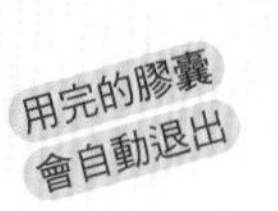

Nespresso第一臺可與智慧型手機APP連動的咖啡機

只要連上智慧型手機APP，就能預約萃取或管理剩下的膠囊數量。也有保養通知功能，讓你不會忘記洗淨水垢等，能舒適使用。

想喝的咖啡膠囊設置好，按下按鈕等待數10秒後即可完成。事後的整理只要從膠囊架上取下膠囊丟掉即結束。不會弄髒手，要洗的東西也只有喝完後的杯子而已。除了咖啡之外還能製作抹茶拿鐵、紅茶等，這是它在每個人對飲品喜好皆不同的家庭中，相當有人氣的理由。

膠囊咖啡機不需要自己磨豆或測量咖啡粉用量。真空包裝的咖啡膠囊中封裝有1杯份的現磨咖啡。膠囊是抽掉空氣後密封，能保有原來的鮮度，這點相當有魅力。不用擔心咖啡的保存和鮮度這點也很棒，膠囊本身也不挑場所放，保存起來很輕鬆。推薦過於忙碌，沒時間手沖滴濾的人使用。

雖然膠囊咖啡極為方便，不過當然也還是缺點的。首先，就是各機種所對應的咖啡膠囊有所限制。如果手上有的咖啡機和膠囊無法合用，即使有想喝的品項也無法使用。此為，和手沖咖啡相比，學習成本相對較高。在選購膠囊咖啡機之際，還請好好研究一下可沖泡的咖啡品項以及成本方面的考量。

參與評測的專家所屬咖啡店介紹

掌握經營策略、品項開發等經營店鋪的訣竅

從咖啡廳工作的基礎到專業知識，為了讓人們能以易懂的方式學習這些內容而創立的咖啡廳創業學校先趨，正是佐奈榮學園「Cafe's Kitchen」。最近，據說也增加了許多離開一般公司，打算充實第二人生的40～50幾歲學員。學園中從無到有地傳授學員開店須知的必要事項，每月都有1日入學體驗，不妨輕鬆地參加看看。

SPECIALIST
日本咖啡廳企劃協會 會長
佐奈榮學園 Cafe's Kitchen學園長
富田佐奈榮女士

佐奈榮學園 Cafe's Kitchen
地址 東京都目黑區上目黑1-18-6 佐奈榮學園大樓
電話 03-5722-0378
網址 http://www.sanaegakuen.co.jp

設置有一臺要價數百萬日圓的業務用濃縮咖啡機，可以實際體驗用起來的感覺，做為購置的參考。

在1樓寬廣明亮的室內，設置有許多大張的桌子。在此可以進行調理實習以及咖啡廳的經營學等等。

咖啡豆會根據產地不同，有味道和價格上的差異。而使用單品原創咖啡豆，還是要自行開發混豆，正是可發揮本領之處。

連咖啡杯也很講究

備有各式各樣的咖啡杯，可藉由飲用比較來改變咖啡的風味。也可思考在自己的店裡要使用什麼樣的杯子。

享受一場職人在你眼前細細沖泡咖啡的視覺饗宴

約6年前，開設於古董街上的衣食住特選店BLOOM & BRANCH AOYAMA，COBI COFFEE正位於其中。該店提供使用了有著果香味的淺～中焙咖啡豆，以法蘭絨濾布沖泡的溫潤咖啡。不管是逛服飾店，或購入來自各地製作家的器皿時，還是委託THE BAR by Brift H擦鞋、進行各種修理時，都能到此放鬆一下。

SPECIALIST
COBI COFFEE BRAND MANAGER
川尻大輔先生

COBI COFFEE AOYAMA
地址 東京都港區南青山5-10-5第1九曜大樓101
電話 03-6427-3976
網址 http://bloom-branch.jp/cobicoffee/cobicoffee.html

以象徵純正咖啡廳的法蘭絨濾布沖泡方式，提供原創混豆、原創單品等高品質咖啡。

在併設的擦鞋吧等待你喜愛的鞋子擦好之際，能享受一杯法蘭絨濾泡咖啡。

也有照片所示的HIGASHIYA長崎蛋糕、大納言羊羹、椰子果實羊羹等甜點。

100g外帶咖啡豆價格為650日圓起。可請店家為你重現在店裡喝到的喜歡滋味。

能用合理價格品味到極品的濃縮咖啡

世界冠軍咖啡師Paul Bassett所開設的新概念濃縮咖啡廳。店面於2006年開設於西新宿超高層大樓群的B1。附設餐廳，所以料理菜單也相當豐富，平日的中午總是擠滿男女上班族。從講究的濃縮咖啡、在你眼前現做的拉花咖啡，以及使用2倍量的濃縮咖啡製作的冰拿鐵都是人氣選項。

SPECIALIST
Paul Bassett
SHINJYUKU
烘焙師／咖啡師
角 繪美子小姐

Paul Bassett SHINJYUKU

地址 東京都新宿區西新宿1-26-2
新宿野村大樓B1F
電話 03-5324-5090
網址 http://www.paulbassett.jp

只要用約360日圓的實惠價格，就能品嘗到世界冠軍咖啡師所講究的極品濃縮咖啡。

也能享受法式濾壓

法式濾壓咖啡是以咖啡師推薦的咖啡豆萃取。能充分品嘗到優質咖啡豆的鮮味。

從下午2點半開始的下午茶時間，會供應能從店內冰櫃任選各種蛋糕搭配咖啡的下午茶組合。

Paul Bassett署名混豆為Paul Bassett獲得冠軍時的混豆配方。

能在氣氛悠閒的店內品嘗有著濃郁香氣與豐富個性的咖啡

自1991年於輕井澤創立以來，丸山咖啡便以品嘗得到個性豐富、來自世界各地的高品質咖啡豆搏得人氣。目前在全國共有10間店面，旗下也有在虹吸咖啡大賽等各種大賽奪冠的咖啡師。距離廣尾站不遠處的西麻布店，則以高貴沉穩的裝潢為特色。店內也品嘗得到利用蒸氣壓力萃取的Steampunk蒸氣龐克咖啡機沖泡，以及使用cores黃金濾芯沖泡的少見咖啡。

SPECIALIST
丸山咖啡
品牌經理／咖啡師
中山吉伸先生

丸山咖啡　西麻布店

地址 東京都港區西麻布3-13-3
電話 03-6804-5040
網址 http://www.maruyamacoffee.com

有40個座位的店裡洋溢悠閒氛圍，讓人不小心就會坐很久。也有長桌，以及販售咖啡豆與咖啡器具的展售臺。

能享受法式濾壓咖啡等

各店鋪所提供的品項有若干差異，西麻布店提供除了法式濾壓咖啡、濃縮咖啡以外，還有蒸氣龐克咖啡等。

在香草冰淇淋上淋上濃縮咖啡的阿法奇朵，能充分享受苦味與甜味的對比，是人氣菜色。

當店限定的西麻布混豆能感受到巧克力與柑橘的風味。外帶咖啡豆的品項也很豐富。

解說咖啡相關的
廣泛用語

Coffee terminology dictionary

咖啡用語辭典

咖啡不管是在咖啡豆栽培、咖啡豆種類、製法、器具、沖泡方式、成分等，都有許多專業用語。在此講解在日常生活中比較用得到的幾項用語。你可以對咖啡有更進一步的認識！

A（あ）行

阿拉比卡種（Arabica）
咖啡的品種大約可分為阿拉比卡種與羅布斯塔種2類。阿拉比卡種約占6成，酸味較強是其特徵。原產地為衣索比亞。

香氣（aroma）
萃取咖啡時散發的香氣。烘烤或粉碎咖啡豆時的香氣稱為「fragrance」，將咖啡含在口中時的香氣則稱為「flavor」。

有機咖啡（Organic Coffee）
不使用農藥或化學肥料，以自然方式栽種的咖啡豆為原料的有機栽培咖啡。雖然價格較高，但也有很多固定粉絲。

KA（か）行

杯測（cupping）
評價咖啡香氣與味道方法。在研磨、注入熱水和攪拌時檢查香氣。味道則是以霧狀方式吸取杯測匙攪拌過後的咖啡，直接評價素材本身的味道。

卓越杯（Cup of Excellence）
在各國每年採收的咖啡豆中，賦予最高品質咖啡豆的稱號。佔生產總量未滿1%。中南美、非洲等約10國所開辦。

杯測師（cup taster）
在咖啡豆的買賣中，負責鑑定產地、品牌的品質等，進行味覺檢查的人。需要有優秀的嗅覺與味覺，各國也舉辦了相關競技大賽。

無咖啡因咖啡（caffeine-less coffee）
去除了有興奮、利尿等作用的咖啡因的咖啡。如果很在意夜晚要跑廁所時可以飲用。也可以說是低咖啡因。

脂層（creema）
浮於濃縮咖啡表層，金黃色的慕絲狀泡沫。扮演著封住濃縮咖啡香氣的角色。質地細緻而有厚度者為佳。

瑕疵豆
有缺損、破裂、中央有空洞、形狀扭曲、發酵等狀態的生豆。若不在烘豆前後去除，會對咖啡的風味帶來不好影響。

咖啡講師
取得正確咖啡知識與鑑定技術資格者。有著基礎的2級，以及進階的1級。再取得更高階的高度技術，就能成為咖啡鑑定師。

咖啡飲料
咖啡製品的分類之一。以內容量每100g中的生豆換算，超過2.5g以上而未滿5g。使用5g以上就稱為「咖啡」，1g以上而未滿2.5g就需標記為「含咖啡清涼飲料」。

咖啡渣
萃取完咖啡後剩下的咖啡粉。可以吸取討厭的異味。直接在濕潤的狀態放入小盤中，可以拿去放在廁所；或等它乾燥後，可以拿去放在鞋櫃裡。

咖啡鑑定師
取得極高階咖啡知識和鑑定技術的資格者。巴西、台灣、日本都有資格認證制度。台灣僅有90多位咖啡鑑定師，可說是一道窄門。

咖啡日
10月1日是國際協定的咖啡日。台灣在目前對咖啡的需求水漲船高，因此也舉辦許多相關活動。

咖啡帶（Coffee Belt）
赤道上下、南北緯25度之間所涵蓋的區域。巴西、墨西哥、爪哇島、肯亞等都並列為咖啡豆生產地帶。

咖啡大師（Coffee Master）
獲日本精品咖啡協會認證的資格者。能提供顧客豐富的咖啡生活提案的專業服務人員，活躍於咖啡廳及食品公司等。

麝香貓咖啡（Kopi Luwak）
指的是從麝香貓的糞便中採收、未消化的咖啡豆。有著特殊的複雜香氣，味道較淡而清爽。物以稀為貴，要以相當高的價格才能買到。

SA（さ）行

第三波咖啡浪潮（Third Wave）
90年代後半掀起的趨勢，比起混豆更重視原創單品。在日本是以2015年藍瓶咖啡初次來日設店為契機而引發。

虹吸咖啡師（syphonist）

指的是虹吸咖啡萃取師。日本精品咖啡協會每年皆會舉辦選出世界第一虹吸咖啡師的世界大賽。

原創單品

地區或農園等較小的單位採收販售的咖啡豆。因為是相同產地的品種，能直接品味咖啡豆的各性。親眼見到生產者也讓人很有安心感。

蒸氣龐克咖啡（Steampunk）

形狀就像是機械式虹吸咖啡壺，可透過APP設定操作。下方的熱水被吸到上方後與咖啡粉混合，再通過濾網滴落至下方進行萃取。

第二波咖啡浪潮（Second Wave）

1960~90年代的趨勢，星巴克等咖啡廳開業。用印有Logo的紙杯拿著深焙高品質濃縮咖啡、拿鐵等在路上走的人增加了。

TA（さ）行

代用咖啡

用蒲公英、黃豆等咖啡豆以外的原料滴濾／煮成的飲料。因為不含咖啡因，但又有苦味，也有人特別喜愛飲用。

荷蘭咖啡（Dutch Coffee）

用咖啡粉加水萃取的冰滴咖啡的別名。在曾受荷蘭殖民的印尼被發明，是其由來。苦味和澀味被抑制，香氣不易散失。

填壓器（tampper）

沖泡濃縮咖啡時所使用的道具。將裝入過濾器中的咖啡粉以填壓器確實壓實，是沖泡出美味咖啡的訣竅。

半份（demi tasse）

飲用濃縮咖啡時用到的小咖啡杯，正是半份杯；僅以少量深焙咖啡粉沖泡而成的濃咖啡，就叫做半份咖啡。

NA（な）行

生豆

指的是烘焙之前的咖啡豆。價格比烘好的咖啡豆合理，所以也有許多人會購入生豆，以自己的喜好進行烘焙。

認證咖啡

為了提供生產者支援等，由非營利團體或第三方機關根據一定查驗方式評價後，獲得合格認證的咖啡。也包含公平交易和有機栽培等認證。

HA（は）行

咖啡吧

指義大利等南歐地區的輕食咖啡廳。主要的風格是站在吧臺邊喝咖啡，也提供濃縮咖啡或卡布奇諾等。

咖啡師（Barista）

原本是指在咖啡吧的吧臺工作、提供濃縮咖啡等的員工。最近則多用來指所有專業的咖啡職人。

手工挑選（hand-pick）

從生豆中以手工作業仔細挑出、去除瑕疵豆、小石子等混入物。如果輕忽這個步驟，就可能導致對咖啡風味的損害。是烘焙前不可或缺的作業。

第一波咖啡浪潮（First Wave）

19世紀到1960年代，廉價咖啡大量生產、大量消費的時代。也有許多品質低劣的咖啡被販售。即溶咖啡和罐裝咖啡都是在此時誕生。

香味（flavor）

將咖啡液含於口中時所感受到的香味。「Flavor Coffee」指的則是帶有香草、巧克力等香氣的咖啡（並非人工添加香料）。

厚度（Body）

評測咖啡時使用的標準。在口中時紮實味道會擴散的為全厚度；有著恰到好處的濃醇感，易於飲用的為中等厚度；清爽且味道輕盈的為輕厚度，是以這樣的感覺來使用。

MA（ま）行

麻袋

將生豆從生產地運送到他處之際，所使用的麻纖維製成的袋子。放進重的東西也很堅固，磨擦力強。上頭記載著生產國銘、品牌、等級等。

YA（や）行

油脂

萃取咖啡之際，咖啡所浮出的閃閃發光的部分。如果是用濾紙來沖泡，就會因為被吸收而無法泡出來。如果想品嘗咖啡油脂，就用法式濾壓壺沖泡吧。

RA（ら）行

烘豆機（roast）

用來烘焙生豆的機器（焙煎機）。也有家用的小型烘豆機，還有瓦斯式或電子式、手動或電動等各種類型。可以品味親手烘豆的有趣之處。

羅布斯塔種（Robusta）

咖啡的品種之一。苦味強烈帶澀味，有著近似麥茶的香氣。比阿拉比卡種更耐病蟲害，在低海拔也容易栽培。豆子外形圓潤。

用專家傳授的小訣竅
泡出一杯講究的咖啡！

咖啡的味道會因沖泡的人不同而改變，
也會因使用的器具而有所變化。
熟悉正確的沖泡方式後，
就調整份量與速度，
嘗試泡出自己喜歡的味道吧！